数控铣床(加工中心)操作技能实训教程

主　编　胡晓东

副主编　吴兴福　邵树锋

主　审　刘　健

ZHEJIANG UNIVERSITY PRESS
浙江大学出版社

图书在版编目(CIP)数据

数控铣床(加工中心)操作技能实训教程 / 胡晓东
主编. —杭州:浙江大学出版社,2016.1(2025.1重印)
ISBN 978-7-308-15590-8

Ⅰ.①数… Ⅱ.①胡… Ⅲ.①数控机床—铣床—加工
工艺—高等职业教育—教材 Ⅳ.①TG547

中国版本图书馆 CIP 数据核字(2016)第 022907 号

内容简介

本书为中高职衔接教材,分为上、下篇,共八个模块。教学内容及教学要求依据《国家职业标准(数控铣工/加工中心)》中、高级要求组织编写。上篇为中职部分,主要包括数控铣床(加工中心)操作技能实训认知、基本维护保养、安全文明生产、常用系统基本操作、加工工艺分析、手工编程及综合项目技能操作实训等内容,用于中职阶段(或中级工)的理实一体化教学;下篇为高职部分,主要包括数控铣床(加工中心)精度检验、日常维护与保养、用户宏程序编程、CAD/CAM 软件自动编程、典型零件综合操作技能实训等内容,用于高职阶段(或高级工)的理实一体化教学。

本书可作为中高职机电类专业诸如数控技术、模具设计与制造、计算机辅助设计、机械制造及自动化及机电一体化技术等专业的教材,尤其适用五年一贯制、3+2、2+3 等学制的中高职相关专业选用;也可作为中、高级工程技术人员的数控培训教材和参考用书。

数控铣床(加工中心)操作技能实训教程

主编 胡晓东

责任编辑 王 波
责任校对 吴昌雷
封面设计 林智广告
出版发行 浙江大学出版社
(杭州市天目山路 148 号 邮政编码 310007)
(网址:http://www.zjupress.com)
排 版 杭州青翊图文设计有限公司
印 刷 广东虎彩云印刷有限公司绍兴分公司
开 本 787mm×1092mm 1/16
印 张 18.75
字 数 456 千
版 印 次 2016 年 1 月第 1 版 2025 年 1 月第 5 次印刷
书 号 ISBN 978-7-308-15590-8
定 价 49.00 元

前　言

　　数控技术是用数字信息对机械运动和工作过程进行控制的技术;数控机床是用数控技术实施加工控制的机床,是以数控技术为代表的新技术对传统制造产业和新兴制造业的渗透形成的一种机电一体化产品。数控技术及数控机床是发展新兴高新技术产业和尖端工业的使能技术和最基本的装备。世界各国信息产业、生物产业、航空、航天等国防工业广泛采用数控技术,以提高制造能力和水平,提高对市场的适应能力和竞争能力。因此,大力发展以数控技术为核心的先进制造技术已成为世界各发达国家加速经济发展、提高综合国力和国家地位的重要途径。在国内,数控机床越来越普及,数控机床的大量使用,需要大批熟练掌握数控编程、工艺分析、操作和维护的技术技能人才。

　　本书是中高职衔接数控技术专业核心精品课程教材,按照中、高职教学大纲要求,实现教学内容的有效对接;依据《国家职业标准(数控铣工/加工中心)》中、高级要求,结合作者十余年从事数控加工工艺和数控加工技术方面的教学、竞赛和工作经验编写而成。

　　本书在编写时坚持"工学结合"、"任务引领"理念,紧密联系生产实际,在理论知识够用的前提下,以工作过程的具体环节设置教学内容,包括前期准备、任务布置、相关知识链接、工艺分析、编程、操作实训以及注意事项等,实现理实一体化教学,激发学生的学习兴趣,提高课堂教学质量,最终达到中、高级职业技能操作水平。全书涉及 FANUC、SINUMERIK和 HNC 这 3 个常用的数控系统,覆盖面广。

　　本教程分为上、下两篇,共八个模块,由浙江省胡晓东技能大师工作室"全国数控冠军"团队成员编写而成。其中模块一、模块三由吴兴福编写,模块二由金一军编写,模块四由何财林编写,模块五由潘军编写,模块六由邵树锋编写、模块七由马宇锋编写、模块八由王林超编写。全书由胡晓东组织编写、统稿,任主编,吴兴福、邵树锋任副主编,刘健主审。在编写和出版过程中,浙江工业职业技术学院、绍兴市技师学院、新昌技师学院、杭州汽轮机股份有限公司、浙江日发数码精密机械股份有限公司、浙江凯达机床股份有限公司等单位相关老师、技术人员给予了大力支持,对本书提出了许多宝贵的意见和建议,同时得到了浙江大学出版社的热情帮助和支持,在此一并表示衷心感谢。

　　由于编者水平有限,书中错误与不当之处在所难免,敬请读者批评指正。

编　者

目　　录

上篇（中职部分）

上 篇

中职部分

模块一　数控铣床(加工中心)操作技能实训准备

知识目标

(1) 了解加工中心的组成、分类、加工对象以及数控系统。
(2) 了解加工中心常用的辅助工具。
(3) 了解加工中心的日常维护与保养。
(4) 了解"6S"管理及加工中心安全文明生产。

技能目标

(1) 会选择数控铣削加工常用的刀具以及匹配的工具系统。
(2) 会对加工中心进行日常维护和保养。
(3) 会合理选择检测工具。

任务导入

数控铣床(加工中心)是数控铣削加工中使用非常广泛的一种数控机床,它能够加工面类、轮廓类和孔类等零件,其中加工中心相比数控铣床,多了自动换刀装置和刀库,加工工序更为集中,效率也更高。

本模块以加工中心为例,讲解加工中心的组成、分类、加工对象等,同时简单介绍数控铣削加工中常用的一些夹具、刀具及工具系统,以及加工中心的日常维护和安全文明生产等。

任务一　加工中心认知

一、加工中心概述

加工中心(Machining Center,MC)是由机械设备与数控系统组成的使用于加工复杂形状工件的高效率自动化机床;是备有刀库,具有自动换刀功能,能实现一次装夹工件后,可以连续对工件自动进行钻孔、扩孔、铰孔、镗孔、攻螺纹、铣削等多工序加工的数控机床。

加工中心主要由以下几部分组成:

（1）基础部件。基础部件由床身、立柱和工作台等部件组成。它们主要承受加工中心的静载荷以及在加工时产生的切削负载，因此必须具有足够的刚度，如图 1-1 所示。

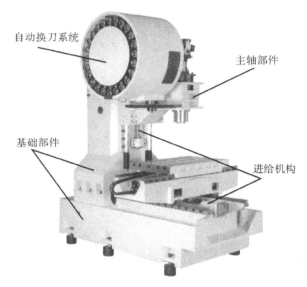

图 1-1　加工中心组成

（2）主轴部件。主轴部件由主轴箱、主轴电机、主轴和主轴轴承等零部件组成。主轴的启、停和变速等动作由数控系统控制，并通过装在主轴上的刀具参与切削运动，它是切削加工的功率输出部件，如图 1-1 所示。

（3）进给机构。由进给伺服电机、机械传动装置和位移测量元件等组成。它驱动工作台等移动部件形成进给运动，如图 1-1 所示。

（4）数控系统（CNC）。由 CNC 装置、可编程控制器、伺服驱动装置以及操作面板等组成。它是加工中心完成所有动作的控制中心，如图 1-2 所示。

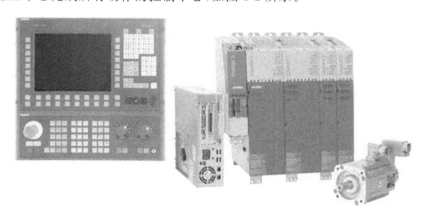

图 1-2　数控系统

（5）自动换刀系统（Automatic Tool Changer，ATC）。自动换刀系统由刀库、机械手等部件组成。当需要更换刀时，数控系统发出指令，由机械手将刀具从刀库内取出并装入主轴孔中，如图 1-3 所示。

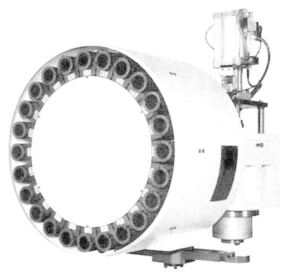

图 1-3 自动换刀系统

（6）辅助装置。包括润滑、冷却、排屑、防护、液压、气动和检测系统等部分。

二、加工中心分类

加工中心种类较多,根据其主轴在空间位置不同、可加工工件类型、运动坐标轴数、联动轴数和工作台数量,有以下几种分类形式。

（一）按主轴在空间位置不同分类

1. 立式加工中心

加工中心的主轴在空间处于垂直状态的称为立式加工中心（见图 1-4）。其结构形式多为固定立柱式,工作台为长方形,无分度回转功能,适合加工盘、套、板类零件。一般具有三个直线运动坐标,并可在工作台上安装一个水平轴的数控回转台,用以加工螺旋线零件。

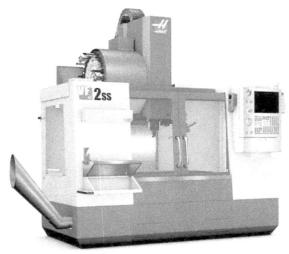

图 1-4 立式加工中心

立式加工中心装夹工件方便，便于操作，易于观察加工情况，但加工时切屑不易排除，且受立柱高度和换刀装置的限制，不能加工太高的零件。立式加工中心的结构简单，占地面积小，价格相对较低，应用广泛。

2. 卧式加工中心

加工中心的主轴在空间处于水平状态的称为卧式加工中心（见图1-5）。卧式加工中心通常都带有可进行分度回转运动的工作台。一般都具有三个至五个运动坐标，常见的是三个直线运动坐标加一个回转运动坐标，它能够使工件在一次装夹后完成除安装面和顶面以外的其余四个面的加工，最适合加工箱体类零件。

卧式加工中心调试程序及试切时不便于观察，加工时不便于监视，零件装夹和测量也不方便，但加工时排屑容易，对加工有利。与立式加工中心相比，卧式加工中心的结构复杂，占地面积大，价格也较高。

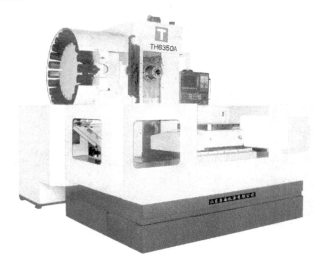

图1-5　卧式加工中心

3. 复合加工中心

复合加工中心又称万能加工中心，也称多轴联动型加工中心（见图1-6），具有立式加工

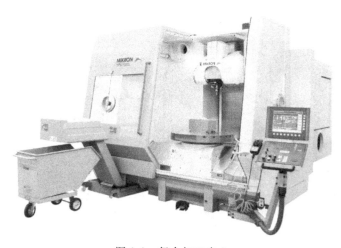

图1-6　复合加工中心

中心和卧式加工中心的功能。常见的万能加工中心有两种形式:一种是主轴可以旋转 90°,既可像立式加工中心一样,也可像卧式加工中心一样;另一种是主轴不改变方向,而工作台带着工件旋转 90°完成对工件五个面的加工。在万能加工中心安装工件,避免了由于二次装夹带来的安装误差,所以效率和精度高,但结构复杂、造价也高。

(二)按加工工件类型分类

1. 镗铣加工中心

镗铣加工中心是最先发展起来且目前应用最多的加工中心,所以人们平常所称的加工中心一般就指镗铣加工中心。其各进给轴能实现无级变速,并能实现多轴联动控制,主轴也能实现无级变速,能实现刀具的自动夹紧和松开(装刀、卸刀),带有自动排屑和自动换刀装置。其主要工艺能力是以镗铣为主,还可以进行钻、扩、铰、锪、攻螺纹等加工。其加工对象主要有:加工面与水平面的夹角为定角(常数)的平面类零件,如盘、套、板类零件;加工面与水平面的夹角呈连续变化的变斜角类零件;箱体类零件;复杂曲面(凸轮、整体叶轮、模具类、球面等);异形件(外形不规则,大都需要点、线、面多工位混合加工)。

2. 车削中心

车削中心(见图 1-7)是在数控车床的基础上,配置刀库和机械手,使之可选择使用的刀具数量大大增加。车削中心主要以车削为主,还可以进行铣、钻、扩、铰、攻螺纹等加工。其加工对象主要有:复杂零件的锥面;复杂曲线为母线的回转体。在车削中心上还能进行钻径向孔、铣键槽、铣凸轮槽和螺旋槽、锥螺纹和变螺距螺纹等加工。车削中心一般还具有以下两种先进功能:

(1)动力刀具功能,即刀架上某些刀位或所有的刀位可以使用回转刀具(如铣刀、钻头),通过刀架内的动力使这些刀具回转。

(2)C 轴位置控制功能,即可实现主轴周向的任意位置控制,实现 X-C、Z-C 联动。另外,有些车削中心还具有 Y 轴功能。

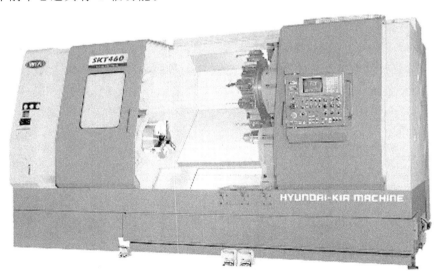

图 1-7　车削中心

3. 五面加工中心

五面加工中心(见图1-8)除一般加工中心的功能外,最大特点是具有可立卧转换的主轴头,在数控分度工作台或数控回转工作台的支持下,就可实现对六面体零件(如箱体类零件)的一次装夹,进行五个面的加工。这类加工中心不仅可大大减少加工的辅助时间,还可减少由于多次装夹的定位误差对零件精度的影响。

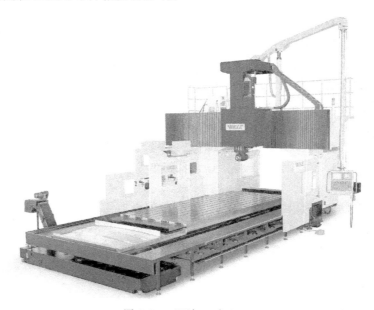

图 1-8　五面加工中心

4. 车铣复合加工装备

车铣复合加工装备是指既具有车削功能又具备铣削加工功能的加工装备,如图1-9所示。从这个意义上讲,上述的车削中心也属该类型的加工装备。但这里所说的一般是指大型和重型的车铣复合加工装备,其中车和铣功能同样强大,可实现一些大型复杂零件(如大型舰船用整体螺旋桨)的一次装夹多表面的加工,使零件的型面加工精度、各加工表面的相互位置精度(如螺旋桨桨叶型面、定位孔、安装定位面等的相互位置精度)由装备的精度来保证。由于该类装备技术含量高,因此不仅价格高,而且由于有较明显的军工应用背景,因此被西方发达国家列为国家的战略物资,通常对我国实行限制和封锁。

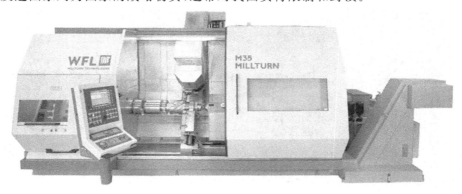

图 1-9　车铣复合加工装备

（三）按运动坐标轴数和联动控制的坐标轴数分类

加工中心按运动坐标轴数和联动坐标轴数可分为三轴二联动、三轴三联动、四轴三联动、五轴四联动、六轴五联动等。三轴、四轴是指加工中心具有的运动坐标数，联动是指控制系统可以同时控制运动的坐标数，从而实现刀具相对工件的位置和速度控制。其中联动轴数越多，数控机床的功能就越齐全，可以加工的曲面轮廓就越复杂，加工精度和效率也越高，但系统控制、程序编制也越复杂，只能使用自动编程系统来编制。

（四）按工作台的数量分类

加工中心按其工作台的数量可分为单工作台加工中心、双工作台加工中心和多工作台加工中心。双工作台加工中心如图 1-10 所示。

图 1-10　双工作台加工中心

三、加工中心主要加工对象

加工中心适宜于加工复杂、工序多、要求较高、需用多种类型的普通机床和众多刀具夹具，且经多次装夹和调整才能完成加工的零件。其加工的主要对象有箱体类零件、复杂曲面类零件、异形类零件、盘套板类零件和特殊加工等五类。

（一）箱体类零件

箱体类零件一般是指具有一个以上孔系，内部有型腔，在长、宽、高方向有一定比例的零件，如图 1-11 所示。这类零件主要应用于机床、汽车、飞机制造等领域。

箱体类零件一般都需要进行多工位孔系及平面加工，公差要求较高，特别是形位公差要求较为严格，通常要经过铣、钻、扩、镗、铰、锪、攻丝等工序，需要刀具较多，在普通机床上加工难度大，工装套数多，费用高，加工周期长，需多次装夹、找正，手工测量次数多，加工时必须频繁地更换刀具，工艺难以制定，更重要的是精度难以保证。

加工箱体类零件的加工中心，当加工工位较多、需工作台多次旋转角度才能完成的零件时，一般选卧式镗铣类加工中心。当加工的工位较少，且跨距不大时，可选立式加工中心，从一端进行加工。

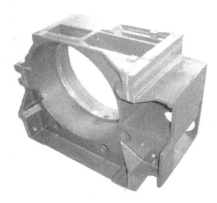

图 1-11　箱体类零件

（二）复杂曲面类零件

复杂曲面在机械制造业，特别是航天航空工业中占有特殊重要的地位。复杂曲面采用普通机加工方法是难以完成甚至无法完成的。在我国传统的方法是采用精密铸造，可想而知其精度是低的。复杂曲面类零件有各种叶轮、导风轮、球面、螺旋桨以及一些其他形状的自由曲面等，如图 1-12 所示。

图 1-12　复杂曲面零件

这类零件均可用加工中心进行加工。铣刀作包络面来逼近曲面。复杂曲面用加工中心加工时，编程工作量较大，大多数要有自动编程技术。

（三）异形类零件

异形类零件是外形不规则的零件，大都需要点、线、面多工位混合加工，如图 1-13 所示。异形类零件的刚性一般较差，夹压变形难以控制，加工精度也难以保证，甚至某些零件的有的加工部位用普通机床难以完成。用加工中心加工时应采用合理的工艺措施,一次或二次装夹,利用加工中心多工位点、线、面混合加工的特点,完成多道工序或全部的工序内容。

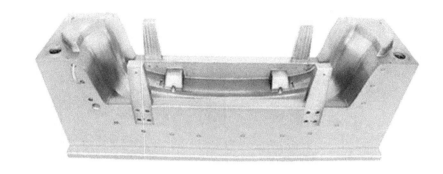

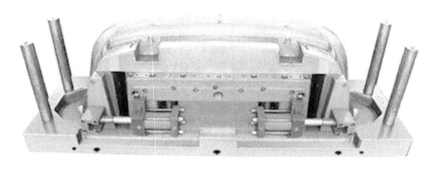

图 1-13 异形类零件

（四）盘、套、板类零件

这里指带有键槽,或径向孔,或端面有分布的孔系,曲面的盘套或轴类等零件,如图 1-14 所示。端面有分布孔系、曲面的盘类零件宜选择立式加工中心,有径向孔的可选卧式加工中心。

图 1-14 盘类零件

（五）特殊加工

特殊加工是指配合一定的工装和专用工具,利用加工中心可完成一些特殊的工艺内容,如图 1-15 所示。例如,在金属表面上刻字、刻线、刻图案;在加工中心的主轴上装上高频电火花电源,可对金属表面进行线扫描表面淬火;在加工中心装上高速磨头,则可进行各种曲线、曲面的磨削等。

图 1-15   金属雕刻

四、数控系统的分类

数控系统种类繁多,目前工厂常用的数控系统有日本 FANUC（发那科）、德国 SINUMERIK（西门子）、三菱数控系统和中国华中世纪星、广州数控、北京凯恩帝及大连大森数控系统等。每种数控系统又有多种型号,如 FANUC 系统有 0i 到 23i;SINUMERIK 系统从 802S、802C 到 802D、810D、840D 等;华中世纪星系统有 HNC - 19XP - M、HNC - 21M、HNC - 210BM、HNC - 210AM、HNC - 8CM、HNC - 8BM、HNC - 8AM 等。各种数控系统指令各不相同,同一系统不同型号,其数控指令也略有差异,在编程时应以数控系统编程说明书为准。

任务二   常用辅助工具认知

一、常用辅助工具介绍

加工中心（数控铣削）常用工装夹具、刀具系统、刀具、刀具系统安装工具、辅助对刀工具及防护用品如表 1-1 到表 1-6 所示。

表 1-1　加工中心常用工装夹具

名称	示图	相关知识
精密平口钳	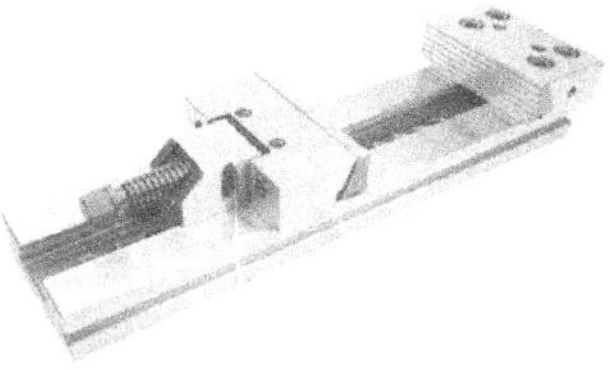	用途:用于中小尺寸和形状规则的工件装夹
组合压板		用途:用于体积较大的工件装夹
三爪自定心卡盘		用途:用于回转体类零件的装夹
组合夹具	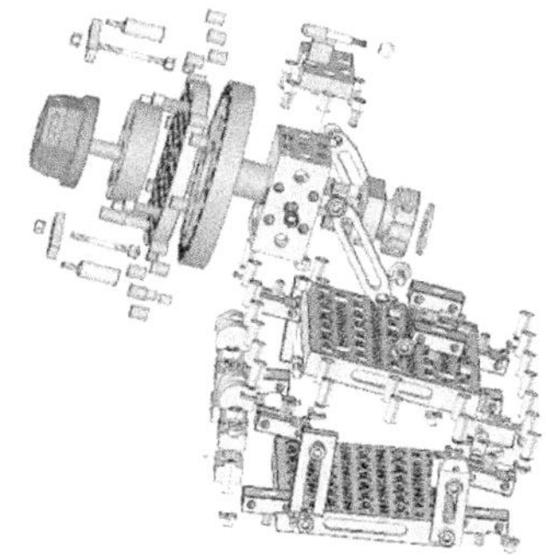	组合夹具是由一套结构已经标准化,尺寸已经规格化的通用元件、组合元件所构成,可以按工件的加工需要组成各种功用的夹具

表 1-2　加工中心常用刀具系统

名称	示　图	相关知识
拉钉		用途:用于刀柄与机床主轴的固定。拉钉安装于刀柄锥柄尾部与机床主轴拉紧机构固定刀柄的主轴上

续表

名称	示　图	相关知识
强力刀柄及卡簧		
弹簧夹头刀柄及卡簧		
面铣刀刀柄		用途：用于安装不同规格的铣削、钻削、镗削、攻丝等加工刀具 刀柄的选择要与机床主轴锥孔相匹配。ISO 7388 和 GB/T 10945—1989《自动换刀机床用 7∶24 圆锥工具柄部 40、45、50 号圆锥柄》对其锥柄部分和机械手抓拿部分都有明确的规定和说明
头刀柄		
侧固式刀柄		
丝锥夹头刀柄		
莫氏锥度刀柄		

表 1-3　数控铣削加工常用刀具

名称		示　图	相关知识
铣削加工刀具	面铣刀		用途:用于大平面铣削加工
	键槽立铣刀		用途:主要用于加工圆头平键槽,也可用于加工开口槽
	立铣刀	(a)整体式立铣刀 (b)可转位镶刀片立铣刀	用途:内、外轮廓铣削加工
	球头铣刀		用途:用于加工各类模具型腔或复杂的曲面、成型表面的加工
孔系加工刀具	中心钻	(a)A型 (b)B型	用途:用于孔加工的预制精确定位,引导麻花钻进行孔加工,减少误差 特点:切削轻快、排屑好 中心钻有 A 型和 B 型两种。A 型不带护锥,主要用于加工直径为 1～10mm 的中心孔;B 型带护锥,主要用于加工工序较长、精度要求较高的工件
	麻花钻		用途:用于孔的加工 特点:切削轻快、排屑好

续表

名称	示　图	相关知识
孔系加工刀具 锪孔钻	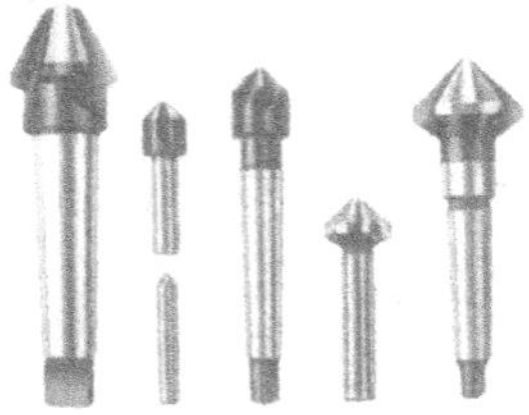	用途:用于工件圆孔倒棱角或钻60°、90°、120°的锥孔 特点:可一次完成所需锥角的加工
机用铰刀		用途:用于铰削工件上已钻削(或扩孔)加工后的孔,主要是为了提高孔的加工精度,降低其表面的粗糙度,用于孔的精加工和半精加工的刀具,加工余量一般很小 特点:齿数多,工作平稳,导向性好
丝锥	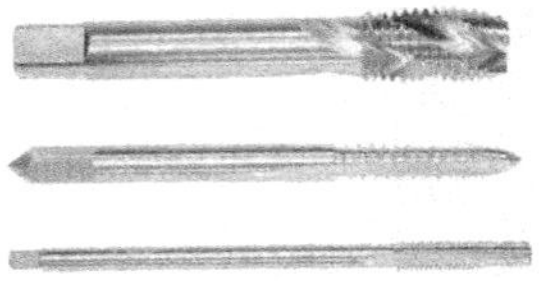	用途:用于内螺纹的加工
镗刀		用途:用于对工件上已有尺寸较大孔的加工,特别适合于加工分布在同一或不同表面上的孔距和位置精度要求较高的孔系

表1-4　加工中心常用刀具系统安装工具

名称	示　图	相关知识
锁刀座		用途:用于刀具系统的安装。安装时,刀柄上的键槽对准锁刀座上的键,使刀柄无法转动,然后用扳手锁紧刀柄上的锁紧螺母
扳手	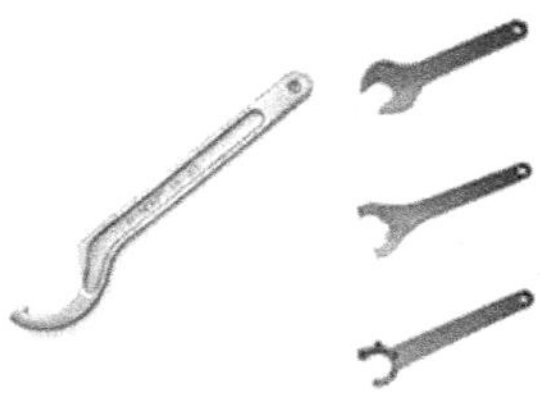	

表 1-5　数控铣削加工常用辅助对刀工具

名称	示　图	相关知识
偏心式寻边器		
光电式寻边器		用途:用于工件坐标系零点的找正。偏心式寻边器或光电式(带蜂鸣或不带蜂鸣)寻边器进行 X、Y 轴零件的确定。利用 Z 轴设定器进行 Z 轴零点的确定(Z 轴设定器标准高度为 50 或 100mm)
Z 轴设定器		
机外对刀仪	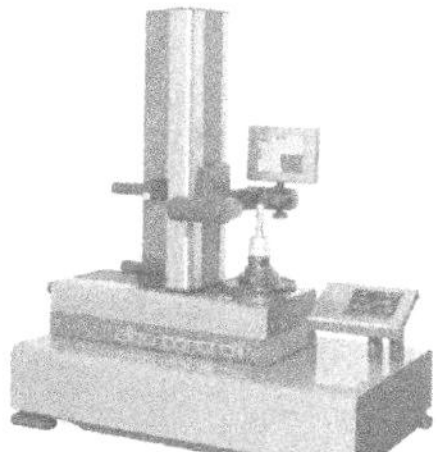	机外对刀仪是加工中心重要的附属设备,加工时使用的所有刀具在装入机床刀库前都必须使用对刀仪进行对刀,用来测量刀具的半径和长度,并进行记录,然后将每把刀具的测量数据输入机床的刀具补偿表中,供加工中心进行刀具补偿用

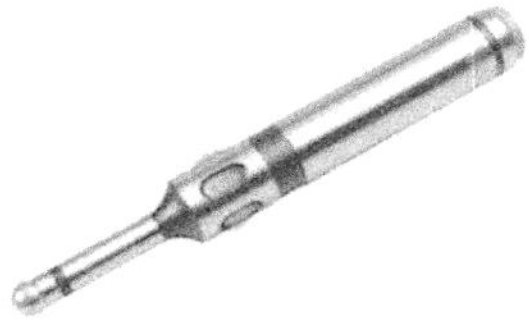

表 1-6　数控铣削加工常用个人防护用品

名称	示　图	相关知识
工作服和防护服		1. 当使用机器和设备时,参赛者必须保证不穿太宽松的衣服,不系领带,不戴珠宝首饰等等,以免产生缠绕到机床上而使人受伤的危险事故 2. 除了合适的工作服之外,当操作时有可能会产生碰到火焰、触及高温、火花、尖锐物体或化学物料等情况时,就更需要穿防护服

续表

名称	示　　图	相关知识
护目镜		分为安全防护眼镜和防护面罩两大类,作用主要是防护眼睛和面部免受辐射、粉尘、烟尘、金属碎屑等损伤
手套		当机器或设备会对人产生伤害时,例如锋利部分引起的切伤、刺伤、扯裂和运动零件摩擦引起的磨伤等,必须戴上手套来避免,可戴皮手套或布手套
安全鞋		安全鞋要求:鞋底可防刺破、导电性低、可防静电、冷热隔离性好、后跟可抗冲击和避震、外鞋底带防滑花纹、耐热和不吸油、鞋面对脚背有加固保护可防止脚砸伤

二、常用辅助量具介绍

(一) 游标卡尺

　　游标卡尺是一种最常用的量具,它能直接测量出工件的长度、宽度、高度、外径、内径和孔的中心距等尺寸。带深度尺的游标卡尺还能测量孔、槽的深度尺寸。游标卡尺属中等精度的量具,测量的工件精度为IT10～IT16。按其读数值分,游标卡尺有1/20mm和1/50mm两种。根据使用特点,游标卡尺可分为普通游标卡尺、高度游标卡尺、深度游标卡尺、游标量角尺和齿厚游标卡尺等。常见的游标卡尺有两种形式,如图1-16和图1-17所示。

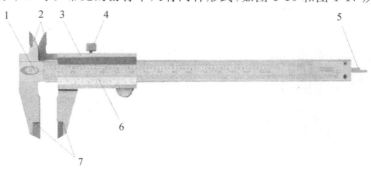

1—尺身;2—上量爪;3—尺框;4—紧固螺钉

5—深度尺;6—游标;7—下量爪

图1-16　带深度尺的游标卡尺

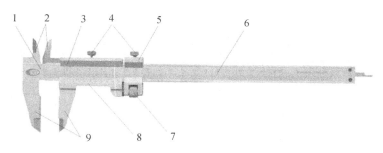

1—尺身;2—上量爪;3—尺框;4—紧固螺钉;5—微动装置;
6—主尺;7—微动螺母;8—游标;9—下量爪

图 1-17　可微动调节的游标卡尺

(二) 千分尺

千分尺(又称为螺旋测微量具)是一种应用非常普遍的精密量具,其测量精度比游标卡尺高,且较灵敏,广泛用于加工精度要求较高工件的测量。千分尺的品种很多,按其用途不同有外径千分尺、内径千分尺、杠杆内径千分尺、深度千分尺、螺纹千分尺和公法线千分尺等。

1. 外径千分尺

外径千分尺是最常用的一种千分尺,主要用于测量外径、长度、宽度、厚度等尺寸。当测量范围在 500mm 之内时,每 25mm 为一种规格,有 0～25mm,25～50mm,…,475～500mm 等多种。测量范围为 500～1000mm 时,则每 100mm 为一种规格,有 500～600mm,600～700mm,…,900～1000mm 等多种。外径千分尺的外形和结构如图 1-18 所示。

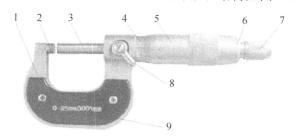

1—尺架;2—固定测砧;3—测微螺杆;4—固定刻度套筒;5—微分活动套筒;
6—垫片;7—测力装置(棘轮);8—锁紧螺钉;9—绝热板

图 1-18　外径千分尺外形和结构

2. 内径千分尺

内径千分尺主要用于测量孔径及槽宽等尺寸。按其测量的尺寸大小,内径千分尺分为普通内径千分尺(见图 1-19)和杠杆式内径千分尺。

图 1-19　普通内径千分尺

（1）普通内径千分尺主要用于较小孔径的测量，其刻线方向与外径千分尺的刻线方向相反。按测量范围分有 5～30mm 和 25～50mm 两种规格。

（2）杠杆式内径千分尺可用来测量较大尺寸的孔径和槽的宽度。杠杆式内径千分尺由尺头和接长杆两部分组成，它的读数原理与外径千分尺相同。为了增大测量范围，可在尺头上旋入接长杆。成套的内径千分尺，可测量 0～1500mm 的尺寸。

3. 深度千分尺

深度千分尺主要用来测量孔深、槽深和台阶高度等尺寸，其读数原理和刻线方向与普通内径千分尺相同，其测微螺杆的长度可根据被测工件深度尺寸不同进行选择。有 0～25mm、0～50mm、0～75mm 及 0～100mm 等多种规格。其外形和结构如图 1-20 所示。

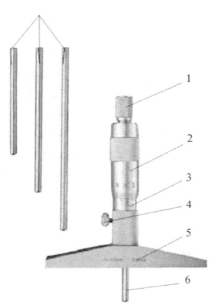

1—测力装置；2—微分筒；
3—固定套筒；4—锁紧装置；
5—底板；6—测量杆

图 1-20　深度千分尺

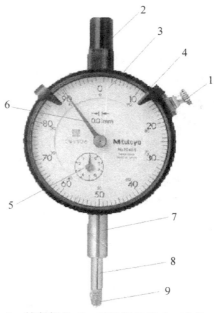

1—锁紧螺母；2—手提测量杆；3—表盘；
4—表圈；5—刻度盘；6—指针；7—套筒；
8—测量杆；9—测量头

图 1-21　百分表外形

（三）百分表

百分表能够测量工件相对于规定值的偏差。主要用于检验机床精度和测量工件的尺寸、形状和位置误差等。它不能直接测出工件的具体尺寸，只能检测出工件尺寸的误差大小。百分表的测量范围一般有 0～3mm、0～5mm 和 0～10mm 三种。百分表外形如图 1-21 所示。

按应用场合不同，百分表可分为杠杆百分表和内径百分表等。

1. 杠杆百分表

杠杆百分表主要用于机床上校正工件的安装位置或在普通百分表无法使用的场合。杠杆百分表外形如图 1-22 所示。

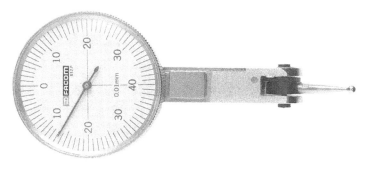

图 1-22　杠杆百分表

2. 内径百分表

内径百分表主要用来测量孔径和孔的形状误差,特别适合于较深孔的测量。内径百分表外形如图 1-23 所示。

图 1-23　内径百分表

(四) 游标万能角度尺

游标万能角度尺是用来测量工件内外角度的量具,也可以用它划出工件的内外角度。按游标的读数值(即测量精度)分为 2′和 5′两种,测量范围是 0°~320°。游标万能角度尺外形和结构如图 1-24 所示。

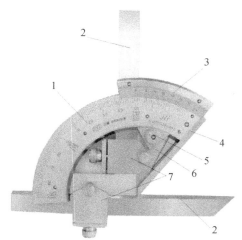

1—尺座;2—角尺;3—游标;4—基尺;5—制动器;6—扇形板;7—卡块

图 1-24　游标万能角度尺

任务三　日常维护与保养

加工中心的正确操作和维护保养是正确使用数控设备的关键因素之一。正确的操作使用能够防止机床非正常磨损，避免突发故障；做好日常维护保养，可使设备保持良好的技术状态，延缓劣化进程，及时发现和消灭故障隐患，从而保证机床安全运行。

（1）良好的使用环境

为提高加工中心的使用寿命，一般要求要避免阳光的直接照射和其他热辐射，要远离太潮湿、粉尘过多或有腐蚀气体的场所。精密数控设备要远离振动大的设备，如冲床、锻压设备等。

（2）良好的电源保证

为了避免电源波动幅度大（大于±10%）和可能的瞬间干扰信号等影响，加工中心一般采用专线供电或增设稳压装置等，都可减少供电质量的影响和电气干扰。

（3）制定有效操作规程

在加工中心的使用与管理方面，应制定一系列切合实际、行之有效的操作规程。例如润滑、保养、合理使用及规范的交接班制度等，是加工中心使用及管理的主要内容。制定和遵守操作规程是保证加工中心安全运行的重要措施之一。

（4）加工中心不宜长期封存

加工中心要充分利用，尤其是投入使用的第一年，使其容易出故障的薄弱环节尽早暴露，以便在保修期内得以排除。加工中，尽量减少加工中心主轴的启闭，以降低对离合器、齿轮等器件的磨损。没有加工任务时，加工中心也要定期通电，最好是每周通电1～2次，每次空运行1小时左右，以利用机床本身的发热量来降低机内的湿度，使电子元件不致受潮，同时也能及时发现有无电池电量不足报警，以防止系统设定参数的丢失。

（5）数控机床的维护保养

加工中心种类繁多，各类加工中心因其功能、结构及系统的不同，各具不同的特性。其维护保养的内容和规则也各有其特色，具体应根据其机床种类、型号及实际使用情况，并参照机床使用说明书要求，制定和建立必要的定期、定级保养制度。

下面是一些常见、通用的日常维护保养要点。

（一）数控系统的维护

1. 严格遵守操作规程和日常维护制度

加工中心操作人员要严格遵守操作规程和日常维护制度，操作人员的技术业务素质的优劣是影响故障发生频率的重要因素。当机床发生故障时，操作者要注意保留现场，并向维修人员如实说明出现故障前后的情况，以利于分析、诊断出故障的原因，及时排除。

2. 防止灰尘污物进入数控装置内部

在机加工车间的空气中一般都会有油雾、灰尘甚至金属粉末，一旦它们落在数控系统内的电路板或电子器件上，容易引起元器件间绝缘电阻下降，甚至导致元器件及电路板损坏，应尽量减少打开数控柜和强电柜门的次数。

3．防止系统过热

日常应检查数控柜上的各个冷却风扇工作是否正常。每半年或每季度检查一次风道过滤器是否有堵塞现象,若过滤网上灰尘积聚过多,不及时清理,会引起数控柜内温度过高。

4．数控系统的输入、输出装置的定期维护

20世纪80年代以前生产的数控机床,大多带有光电式纸带阅读机,如果读带部分被污染,将导致读入信息出错。为此,必须按规定对纸带阅读机进行维护。

5．直流电动机电刷的定期检查和更换

直流电动机电刷的过度磨损,会影响电动机的性能,甚至造成电动机损坏。为此,应对电动机电刷进行定期检查和更换。数控车床、数控铣床、加工中心等,应每年检查一次。

6．定期检查和更换存储用电池

一般数控系统内对 CMOSRAM 存储器件设有可充电电池维护电路,以保证系统不通电期间能保持其存储器的内容。在一般情况下,即使尚未失效,也应每年更换一次,以确保系统正常工作。电池的更换应在数控系统供电状态下进行,以防更换时 RAM 内信息丢失。

7．备用印制电路板的维护

备用的印制电路板长期不用时,应定期装到数控系统中通电运行一段时间,以防损坏。

(二) 机械部件的维护

1．主传动链的维护

定期调整主轴驱动带的松紧程度,防止因带打滑造成的丢转现象;检查主轴润滑的恒温油箱、调节温度范围,及时补充油量,并清洗过滤器;主轴中刀具夹紧装置长时间使用后,会产生间隙,影响刀具的夹紧,需及时调整液压缸活塞的位移量。

2．滚珠丝杠螺纹副的维护

定期检查、调整丝杠螺纹副的轴向间隙,保证反向传动精度和轴向刚度;定期检查丝杠与床身的连接是否有松动;丝杠防护装置有损坏要及时更换,以防灰尘或切屑进入。

3．刀库及换刀机械手的维护

严禁把超重、超长的刀具装入刀库,以避免机械手换刀时掉刀或刀具与工件、夹具发生碰撞;经常检查刀库的回零位置是否正确,检查机床主轴回换刀点位置是否到位,并及时调整;开机时,应使刀库和机械手空运行,检查各部分工作是否正常,特别是各行程开关和电磁阀能否正常动作;检查刀具在机械手上锁紧是否可靠,发现不正常应及时处理。

(三) 液压、气压系统维护

定期对各润滑、液压、气压系统的过滤器或分滤网进行清洗或更换;定期对液压系统进行油质化验检查,添加和更换液压油;定期对气压系统分水滤气器放水。

(四) 机床精度的维护

定期进行机床水平和机械精度检查并校正。机械精度的校正方法有软硬两种。其软方法主要是通过系统参数补偿,如丝杠反向间隙补偿、各坐标定位精度定点补偿、机床回参考点位置校正等;硬方法一般要在机床大修时进行,如进行导轨修刮、滚珠丝杠螺母副预紧调整反向间隙等。

任务四　安全文明生产

一、"6S"管理

"6S"活动是生产现场整理（SEIRI）、整顿（SEITON）、清扫（SEISO）、清洁（SEIKETSU）、素养（SHITSUKE）、安全（SECURITY）六项活动的统称，由于这六项活动的每一个词的第一个字母都是"S"，所以简称"6S"。

"6S管理"由日本企业的5S扩展而来，是现代工厂行之有效的现场管理理念和方法，其作用是：提高效率，保证质量，使工作环境整洁有序，预防为主，保证安全。

（一）整理

整理是指将工作场所的任何物品区分为有必要的和没有必要的，除了有必要的留下来，其他的都消除掉。

目的：腾出空间，空间活用，防止误用，塑造清爽的工作场所。

（二）整顿

整顿是指把留下来的必须要用的物品依规定位置摆放，并放置整齐、加以标示。

目的：工作场所一目了然，消除寻找物品的时间；整整齐齐的工作环境，消除过多的积压物品。

（三）清扫

清扫是指将工作场所内看得见与看不见的地方清扫干净，保持工作场所干净、明亮。

目的：稳定品质，减少工业伤害。

（四）清洁

清洁是指维持整理、整顿、清扫的成果。

目的：消除安全隐患、提高设备使用寿命和工作效率。

（五）素养

素养是指每位成员养成良好的习惯，并遵守规则做事，培养积极主动的精神。

目的：培养有好习惯、遵守规则的员工，营造团队精神。

（六）安全

安全是指重视全员安全教育，每时每刻都有安全第一的观念，防患于未然。

目的：营造安全生产的环境，所有的工作在安全的前提下进行。

二、加工中心安全操作规程

（1）进入实验室必须穿合身的工作服、戴工作帽，衬衫要系入裤内，敞开式衣袖要扎紧，女同学必须把长发纳入帽内；禁止穿高跟鞋、拖鞋、凉鞋、裙子、短裤及戴围巾，以免发生烫伤。

（2）操作时禁止戴手套，工作服衣、领、袖口要系好。

（3）加工中心属贵重精密仪器设备，由专人负责管理和操作。使用时必须按规定填写使用记录，必须严格遵守安全操作规程，以保障人身和设备安全。

（4）开车前应检查各部位防护罩是否完好，各传动部位是否正常，各润滑部位应加油润滑。

（5）刀具、夹具、工件必须装夹牢固，床面上不得放置工具、量具。

（6）开机后，在CRT上检查机床有无各种报警信息，检查报警信息及时排除报警，检查机床外围设备是否正常，检查机床换刀机械手及刀库位置是否正确。

（7）各项坐标回参考点，一般情况下Z向坐标优先回零，使机床主轴上刀具远离加工工件，同时观察各坐标运行是否正常。

（8）开车后应关好防护罩，不准用手直接清除切屑。装卸工件、测量工件必须停机操作。

（9）加工中心运转时，操作人员不得擅自离开岗位，必须离开的须停机。

（10）手动工作方式，主要用于工件及夹具相对于机床各坐标的找正、工件加工零点的粗测量以及开机时回参考点，一般不用于工件加工。

（11）加工中心的运行速度较高，在执行操作指令和程序自动运行之前，预先判断操作指令和程序的正确性和运行结果，做到心中有数，然后再操作，加工中心加工程序应经过严格审验后方可上机操作，以尽量避免事故的发生。

（12）加工中心运转时，发现异响或异常，应立即停机，关闭电源，及时检修，并做好相关记录。

（13）工作结束后，应关闭电源，清除切屑，擦拭机床。

思考与练习

1. 什么叫加工中心？加工中心由哪几部分组成？
2. 简述加工中心的分类。
3. 加工中心主要加工对象有哪些？
4. 常用数控系统有哪些？
5. 加工中心常用的工装夹具有哪些？
6. 加工中心常用的刀具有哪些？
7. 简述加工中心的日常保养和维护。
8. 什么是"6S"管理？

模块二　数控铣削系统基本操作技能实训

知识目标

(1) 熟悉 FANUC、SINUMERIK 和 HNC 系统操作面板及各按钮功能。

(2) 掌握 FANUC、SINUMERIK 和 HNC 系统的基本操作方法。

技能目标

学会操作 FANUC、SINUMERIK 和 HNC 系统的数控铣床(加工中心)。

任务导入

目前,国内市场使用最多是 FANUC、SINUMERIK 和 HNC 数控系统。在操作数控机床之前,首先对机床配置的数控系统和操作面板进行学习和实训。本模块主要通过对 FANUC、SINUMERIK 和 HNC 系统的基本功能指令以及操作面板的学习,掌握数控铣削系统的基本操作技能。

任务一　FANUC 0i-MC 系统基本操作技能实训

一、FANUC 0i-MC 系统操作面板介绍

MV80 型加工中心 FANUC 0i-MC 系统控制面板如图 2-1 所示。其主要由显示器(Cathode Ray Tube,CRT)、多文档界面(Multiple Document Interface,MDI)面板及机床操作面板等功能区域组成。

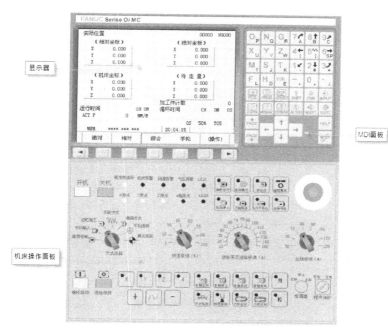

图 2-1　FANUC 系统控制面板

FANUC 系统控制面板上各按键功能见表 2-1。

表 2-1　FANUC 系统控制面板上各按键功能

区域	按键	名称	功　　能
MDI 面板	O_P等	地址、数字、符号等输入键	字母、数字及运算符号等文字的输入
	SHIFT	切换键	按下此键,在地址输入栏出现上标符号(显示器倒数第三行),由原来的>_变为>`,此时再按下地址、数字、符号等输入键,则可输入其右下角的字母、符号等
	EOB E	段结束符键	输入程序段结束符";"
	POS	位置显示键	在 CRT 上显示机床坐标位置
	PROG	程序显示键	在编辑方式下,显示在内存中的信息和所有程序名称,进入程序输入、编辑等状态;在自动加工方式下,显示程序加工信息;在 MDI(手动输入)方式下,显示和输入 MDI 数据,进行简单的程序输入、编辑等操作
	OFS/SET	偏置、参数设置键	刀具半径、长度补偿量的设置,工件坐标系(G54~G59,G54.1P1~P48)和变量等参数的设置与显示

续表

区域	按键	名称	功　　能
MDI面板	SYSTEM	系统参数设置键	系统参数设置
	MESSAGE	报警信息显示键	显示报警号、报警内容
	CSTM/GR	图像显示键	显示刀具模拟走刀轨迹图形及图形显示参数设置
	ALTER	替代键	光标当前字符替代为输入的字（地址、数字）
	INSERT	插入键	在光标当前位置后插入输入字（地址、数字）
	DELETE	删除键	删除光标当前的字及删除在内存中的程序
	CAN	退格键	删除输入到地址输入栏"＿"前的一个字符
	INPUT	输入键	除程序编辑方式外，输入参数值、刀补值等到NC内。另外，与外部设备通信时，按下此键，才能启动输入设备，开始输入数据或程序到NC内存
	RESET	复位键	在编辑方式下程序复位，使光标回到程序开头；终止当前一切操作；清除报警信息等
	HELP	帮助键	提供系统信息的一些帮助
	PAGE↑ PAGE↓	翻页键	用于CRT屏幕选择不同的页面，表示向前或向后翻页
	↑、←、→、↓	光标移动键	用于CRT页面上、下、左、右移动光标
	◀ ▶	软键	可根据用途提供给软键各种功能，软键能提供的功能在CRT画面的最下方显示。◀软键，用于在软键输入各种功能时返回最初状态；▶软键，用于本画面未显示完的功能
机床操作面板	●	急停按钮	运转中遇到情急情况，按下此按钮，机床将立即停止所有的动作；欲解除时，顺时针方向旋转此按钮，即可恢复待机状态
	开机	CNC电源按钮	接通CNC电源
	关机	CNC电源按钮	断开CNC电源
	□	循环启动按钮	在自动运行和MDI方式下使用，按下循环启动按钮，系统自动执行选择的加工程序，同时键内的灯点亮

续表

区域	按键	名称	功 能
机床操作面板		进给保持按钮	在自动执行程序期间,按下进给保持按钮可使其暂停;再次按下循环启动按钮可继续自动运行
		操作方式选择	(1)纸带传输:通过通信接口与PC进行数据传输或在线进行零件加工 (2)手动输入:可在MDI界面执行简单的程序、参数的修改等操作 (3)记忆加工:自动执行存储在NC里的加工程序 (4)手动方式:进给轴按钮有效 (5)编辑方式:进行加工程序的录入、编辑、修改等 (6)手轮连续:手摇脉冲器生效 (7)原点返回:各轴回机床参考点
		快速进给倍率开关	用于运动轴快速移动速度的调节。相应刻度表示机床系统设定的快速移动速度的调节倍率
		进给速度倍率开关	用于进给速度快慢的调节。相应刻度表示进给移动速度的调节倍率
		主轴转速倍率开关	用于主轴转速快慢的调节。相应刻度表示主轴转速的调节倍率
		进给轴选择按钮	在手动方式下,选择欲运动轴(X、Y、Z或第4轴)按钮(指示灯亮),再选择相应方向键按钮"+"或"-"可进行轴的移动,松开按钮则轴停止移动;若要执行快速移动,在按下"⌐"快速移动键的同时,按下相应的方向键按钮"+"或"-",实现选择轴的快速移动,松开按钮则停止移动
		主轴控制按钮	(1)主轴正转:主轴做顺时针旋转 (2)主轴停止:主轴停止旋转 (3)主轴反转:主轴做逆时针方向旋转 (4)主轴定向:主轴返回定向位置 注:功能起作用时按钮指示灯亮
		冷却液控制按钮	(1)冷却控制:冷却液开 (2)冲屑控制:对机床内的切屑进行冲排 注:功能起作用时按钮指示灯亮

续表

区域	按键	名称	功 能
机床操作面板	刀库正转 刀库反转	刀库控制按钮	(1) 刀库正转：刀库依次顺时针方向转动 (2) 刀库反转：刀库依次逆时针方向转动 注：指示灯不亮，刀库不动作
	有效 无效 程序保护	程序保护锁	在锁有效位置时，防止未授权人员修改程序及系统参数；在无效位置时，允许修改程序及参数
	机床准备好 机床报警 润滑报警 气压报警 LED1 X原点 Y原点 Z原点 4轴原点 LED2	指示灯显示	(1) 机床准备好：机床已处于可运行状态 (2) X、Y、Z、4轴原点：分别指示 X、Y、Z、4轴各轴回零情况。回零结束前指示灯闪烁 (3) 机床报警：各种故障报警显示，指示灯显示为红色 (4) 润滑报警：润滑油箱油位过底报警，指示灯显示为红色，机床各轴不能运动 (5) 气压报警：机床供气气压低于机床设定值，机床报警
	单段运行	单段运行按钮	在自动加工方式下，每按一次循环启动按钮将执行一段程序
	选得跳过	选择跳过按钮	加工程序段前加"/"则有效，运行时跳过此程序段，直接执行下一程序段
	空运行	空运行按钮	以进给倍率按钮设定的进给速率，替换原程序设定的进给率
	超程解除	超程解除按钮	运动轴超程时，反向移动报警轴一段距离，按一下复位键，报警状态被解除
	选得停止	程序选择停	执行程序 M01 指令后，机床自动停止进给加工，继续加工需按循环启动按钮
	Z轴锁住	Z轴锁住按钮	在自动运转时，Z轴机械被锁定
	MST锁住	辅助功能关闭按钮	程序中 M、S、T 功能无效
	坐标锁住	坐标锁住按钮	各坐标轴为锁定状态
		手轮摇脉冲发生器	在手轮连续方式下，通过手摇脉冲发生器选择需移动的坐标轴，旋转脉冲发生器就可移动选择的坐标轴，顺时针旋转为坐标轴正向移动，逆时针旋转为坐标轴负向移动。手摇脉冲器，每 1 圈有 100 格，每一格为 1 个脉冲，同时还可进行 ×1、×10、×100 的倍率选择，相对应的是每格 0.001mm、0.01mm、0.1mm

二、FANUC 0i-MC 系统基本操作实训

（一）开机、关机操作

开关机操作按钮如图 2-2 所示。

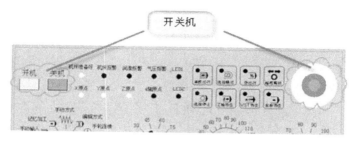

图 2-2　开关机操作按钮

1. 开机步骤

（1）打开机床的主电源。

（2）按下操作面板上的 开机 开机按钮，接通 CNC 电源，系统进入自检状态。

（3）松开"急停"按钮。

（4）等机床操作面板上的机床准备好、指示灯亮后，表示机床启动成功。

注意：如果启动过程中，显示器上无报警信息出现，说明机床准备就绪，当显示界面出现报警信息，根据报警信息进行相关处理。

2. 关机步骤

（1）按下"紧急停止"按钮。

（2）按下操作面板上的 关机 关机按钮，关闭 CNC 电源。

（3）关闭机床总电源。

注意：在关机之前，应将各轴移动到各轴行程大致中间位置。

（二）手动操作

手动操作功能及按钮如图 2-3 所示。

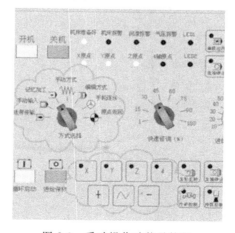

图 2-3　手动操作功能及按钮

1. 原点返回操作

（1）选择原点返回 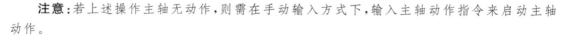 方式。

（2）选择 ⊡ 按钮，按 ⊞ 按钮，Z 轴返回原点。

（3）选择 ⊡ 按钮，按 ⊞ 按钮，Y 轴返回原点。

（4）选择 ⊡ 按钮，按 ⊞ 按钮，X 轴返回原点。

（5）当 X、Y、Z 原点指示灯亮或机床坐标显示 X、Y、Z 都为 0 时，表示原点返回操作结束。

注意：1）原点返回操作之前，应检查各轴是否在各行程大致中间位置。若移动轴在极限位置或接近极限位置，应以"手动方式"或"手轮连续"方式移动轴到大致中间位置，再做原点返回操作；2）原点返回操作时，应 Z 轴先回，以防 Z 轴与工件或工装夹具发生碰撞；3）当执行"急停""机床锁住""Z 轴锁住""坐标锁住"等操作后，需重新进行机床原点返回操作，否则数控系统会对机床零点失去记忆而造成加工位置偏离或事故；4）机床采用绝对编码器时，可以不做原点返回操作。

2. 手动方式

（1）选择手动方式。

（2）选择 ⊡、⊡、⊡ 移动坐标轴（指示灯亮表示有效）。

（3）选择 ⊞ 或 ⊟ 方向按钮，实现坐标轴的移动。快速移动时同时按下 ⊡（快速移动）按钮。

注意：移动速度可以由快速进给倍率及手动进给速度开关来进行修调。

3. 手轮连续方式

手轮连续方式主要配合手轮使用，手轮样式如图 2-4 所示。

（1）选择手轮连续方式（手轮脉冲发生器有效）。

（2）选择手轮脉冲发生器移动坐标轴（X、Y、Z）和移动速度倍率（×1、×10、×100）。

（3）旋转手轮（顺时针旋转坐标轴正方向移动，逆时针旋转坐标轴反方向移动），转动一格发出一个脉冲。

注意：移动速度倍率 ×1、×10、×100 分别表示手轮脉冲发生器旋转一格坐标轴移动 0.001mm、0.01mm、0.1mm。

图 2-4　手轮

4. 主轴操作

（1）选择手动方式或手轮连续方式。

（2）按 ⊡ 主轴正转或 ⊡ 主轴反转按钮，主轴正转或反转。若要对主轴定向，按 ⊡ 主轴定向按钮，主轴角度定向。

注意：若上述操作主轴无动作，则需在手动输入方式下，输入主轴动作指令来启动主轴动作。

5. 冷却液操作

（1）选择手动方式或手轮连续方式。

（2）按 ⊡ 冷却控制按钮（指示灯亮），冷却液开。

（3）按 ⊡ 冷却控制按钮（指示灯熄），冷却液关。

6. 排屑操作

（1）选择手动方式或手轮连续方式。

（2）按 冲屑控制按钮（指示灯亮），冷却液将铁屑冲到铁屑过滤箱里。

（3）按 冲屑控制按钮（指示灯熄），冲屑停。

7. 紧急操作

（1）急停

机床在运行过程中遇到紧急情况，则应迅速按下"急停"按钮，使数控系统进入急停状态。这时，伺服进给及主轴运转立即停止；当故障排除后，可松开"急停"按钮（顺时针方向选择，急停按钮自动跳起），数控系统进入复位状态。

（2）超程解除

当某轴出现超程报警（超程解除按钮指示灯亮）时，需要进行超程解除操作，具体操作步骤如下：

1）选择"手动方式"或手轮连续方式。

2）选择超程轴，并反方向移动，直到系统超程报警取消为止。

注意：在进行超程解除操作时，应注意超程轴的移动方向。

（三）手动输入

手动输入方式又称 MDI 方式，可以利用 MDI 面板上的键执行简单的程序。该方式常用于换刀、主轴旋转等简单指令的执行。如，执行 S600M3 主轴正转指令，则具体操作步骤如下：

（1）选择手动输入方式，如图 2-5 所示。

（2）按 程序按钮，进入如图 2-6 所示 MDI 显示界面。

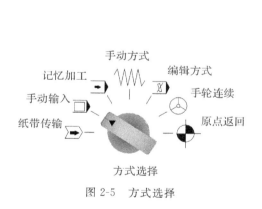

图 2-5　方式选择

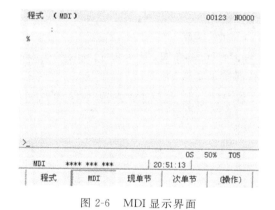

图 2-6　MDI 显示界面

（3）输入"S600M3；"指令，如图 2-7（a）所示。

（4）按 插入键。此时，MDI 输入界面显示 O0000 S600 M3，如图 2-7（b）所示。

（a）　　　　　　　　　　　　　　（b）

图 2-7　MDI 输入界面

（5）按 ⊡ 循环启动按钮，主轴正转。

（6）主轴停转可按上述步骤输入 M5 指令，并执行。

注意：主轴停转也可以直接按复位键或主轴停止按钮。

（四）程序管理

1. 查看程序

（1）如图 2-5 所示，选择编辑方式。

（2）按 🔲 程序按钮，显示程式、程序目录界面分别如图 2-8（a）、图 2-8（b）所示。两者界面可以按"程式"或"列表＋"软键进行切换。其中程式显示上次加工的程序，程序目录显示储存在内存中的加工程序列表。

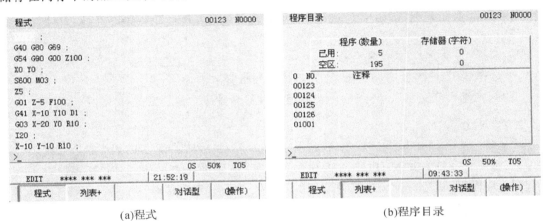

(a)程式   (b)程序目录

图 2-8 程序界面

2. 调用程序

（1）在上述界面，输入要调用的程序名。如，调用 O0123 程序，则输入 O123（或 O0123）指令，如图 2-9 所示。

（2）按"O 检索"软键或按任意 ↑ 、 ← 、 → 、 ↓ （光标移动键），调出如图 2-8（a）所示程序。

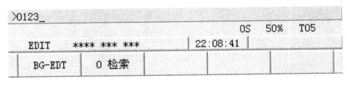

图 2-9 调用程序界面

3. 程序输入

（1）选择编辑方式。

（2）输入程序名。如，新建 O1000 程序名，则输入 O1000 并按 🔷 插入键输入程序名（若该程序名已被使用，则出现报警，需更改程序名）。程序名输入后，需输入";"程序段结束符（程序名输入时，不能同步输入段结束符";"，如输入"O1000;"，否则系统将提示"形式错误"报警信息）。

（3）输入程序指令。程序指令可以连续输入，且不需输入空格，输程序段时，段尾应同步输入程序段结束符";"（见图 2-10），并按 ⬧NSERT 插入键输入程序指令。

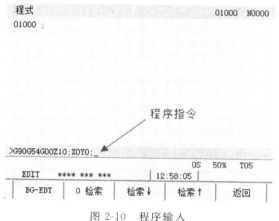

图 2-10　程序输入

（4）程序输入完成后，按 ⬚ 复位按钮，使程序光标复位到程序起始位置。

4. 程序编辑

程序编辑需在编辑方式或手动输入方式下进行操作。

（1）插入指令字

1）选择编辑方式。

2）利用光标或翻页键，移动光标到需插入指令字位置前面的字。使光标移动到要插入指令字位置后的字，如图 2-11 所示在 Z100 指令后面插入"S600M3"指令。

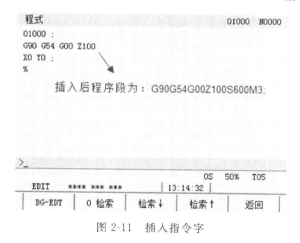

图 2-11　插入指令字

3）输入 S600M3 指令，按 ⬧NSERT 插入键插入该指令。

（2）删除指令字

1）删除输入栏指令字，如图 2-12(a)所示（在临时内存中）。可以连续按 CAN 按钮进行回退清除。

2）删除程序中的指令字，图 2-12（b）所示（程序段已输入到系统内存中）。光标移动到所要删除的指令字，按 删除按钮进行删除。

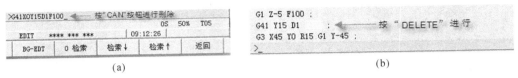

<table>
<tr><td>X41X0Y15D1F100_ ← 按"CAN"按钮进行删除</td><td>G1 Z-5 F100 ;</td></tr>
<tr><td>　　　　　　　　　　　OS　50%　TO5</td><td>G41 Y15 D1　　　 ; ← 按"DELETE"进行</td></tr>
<tr><td>EDIT ****·*** ***　　　09:12:26</td><td>G3 X45 Y0 R15 G1 Y-45 ;</td></tr>
<tr><td>BG-EDT | O 检索 | 检索↓ | 检索↑ | 返回</td><td>>_</td></tr>
</table>

(a)　　　　　　　　　　　　　　　　　(b)

图 2-12　删除指令字

（3）修改指令字

1）在编辑方式下，选择要编辑的程序。

2）利用光标或翻页键，使光标移动到要修改的指令字。

3）输入替换指令字，按 替换按钮进行修改。

（4）删除内存中的程序

1）选择编辑方式。

2）按 程序按钮，进入如图 2-8（b）所示界面。

3）输入要删除的程序名，按 删除按钮，删除该程序。

注意：若要删除指定范围内的多个程序，输入"OXXXX，OYYYY"（OXXXX 代表要删除程序的起始程序号，OYYYY 代表终止程序号），按删除按钮，删除指定范围程序；若要删除所有程序（除系统程序或系统保护程序外），只需输入 O-9999 指定，按删除按钮即可。

（五）对刀

对刀是数控机床加工前的一项重要工作，对刀的精确度直接影响零件的加工精度。加工中心对刀的目的是通过对刀确定刀具起始点，建立工件坐标系（G54～G59）与机床坐标系之间的空间位置关系，其对刀数据输入到相应的参数偏置设置中。对刀按照现有条件和加工精度要求，可采用试切法对刀、寻边器对刀、机内对刀仪对刀、自动对刀等。由于试切法对刀不需要任何辅助设备，所以被广泛用于数控机床加工中加工精度较低、对对刀要求不高的场合。具体操作步骤如下：

（1）在手动输入方式下，输入 S600 M3 指令，按 循环启动按钮（或直接按 主轴正转按钮），启动主轴旋转。

（2）选择手轮连续方式，快速移动工作台和主轴，让铣刀靠近工件的左侧上方适当位置（见图 2-13 中①）。

（3）手轮上选择 Z 轴，使主轴下降到工件上表面下方 5～10mm 处（见图 2-13 中②）。

（4）选择 X 轴，移动工作台（见图 2-13 中③）。当刀具快接近工件侧面时，选择倍率为 ×10 或 ×1，转动手摇脉冲发生器，使刀具慢慢接触到工件。当工件侧面有微量切屑飞出或有切削声音发出时，停止手摇脉冲发生器的进给，按 位置显示按钮，按"综合"软键，此时显示如图 2-14 所示界面，记下"机床坐标"中的 X 坐标值，如 $X_{左机} = -441.000$。

（5）Y 轴不动，抬起刀具至工件上表面之上，快速移动 X 轴，让刀具靠近工件右侧。然后按上一操作步骤得到工件右侧的 X 机床坐标值，如 $X_{右机} = -341.000$。

（6）按 X 轴操作方法完成 Y 轴的对刀,得到 $Y_{前机}$ 和 $Y_{后机}$ 机床坐标值。

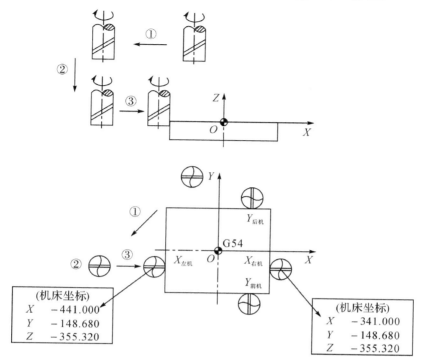

图 2-13　试切法对刀示意图

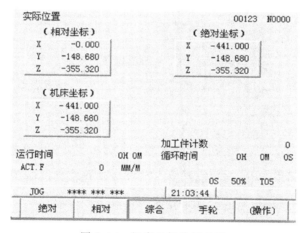

图 2-14　机床坐标位置显示

（7）Z 向对刀。选择 Z 轴,快速移动刀具至工件上表面某处,接近工件表面时,选择较小进给倍率(选择倍率×10 或×1 挡),当发生切屑或观察到工件表面切出圆时,停止手摇脉冲发生器的进给,记下此时的 Z 轴机床坐标值,即 $Z_{工机}$。

（六）工件坐标系设置

1. 坐标值数学处理

工件坐标系原点与工件对称中心重合,则按以下计算公式计算:

$$X_{工机} = \frac{X_{左机} + X_{右机}}{2}$$

$$Y_{工机} = \frac{Y_{前机} + Y_{后机}}{2}$$

2. 工件坐标系设置

（1）任何方式下，按 [OFS/SET] 偏置/参数设置按钮，并选择工件系软键按钮，进入如图2-15(a)所示工件坐标系界面，按 [PAGE↑]、[PAGE↓]（翻页）按钮可进行其余界面的切换。

（2）按 [↑]、[↓]（上、下光标）按钮移动光标到所需设置位置。如，设定G54工件坐标系X轴坐标，把光标移动到如图2-15(a)所示。

（3）把计算得到的 $X_{工机}$、$Y_{工机}$、$Z_{工机}$ 分别输入到G54～G59所要设置的工件坐标系。如，当输入G54工件坐标系 $X-391$ 数值，显示界面切换到如图2-15(b)所示画面，按"输入"或 [INPUT] 输入按钮完成数值的输入。

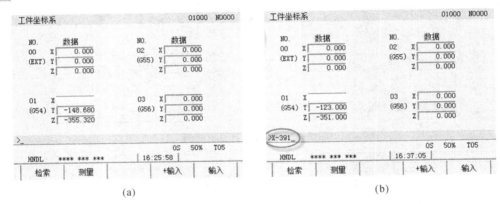

(a)　　　　　　　　　　　(b)

图2-15　工件坐标系设置界面

注意：工件坐标系数值处理应根据工件坐标系在工件上设置的位置不同而进行不同数值处理，不能一概而论。

（七）刀具偏置设置

1. 刀具半径补偿设置

（1）任何方式下，按 [OFS/SET] 偏置/参数设置按钮，选择偏置软键按钮，进入如图2-16(a)所示偏置界面，按 [PAGE↑]、[PAGE↓] 翻页按钮可进行其余界面的切换。

（2）按 [↑]、[↓] 上、下光标按钮移动光标到外形(D)相对应刀号偏置位置。如，设置1号刀具半径补偿（即D1或D01），则光标移动到如图2-16(a)所示位置。

（3）输入刀具半径补偿数值，按"输入"软键或 [INPUT] 输入按钮。如，输入刀具半径补偿值10.0，先切换到如图2-16(b)所示偏置界面光标位置，按"输入"或 [INPUT] 输入按钮完成数值的输入。

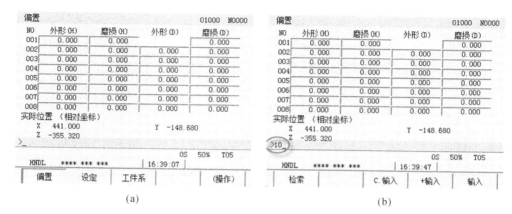

图 2-16 刀具半径补偿设置界面

2. 刀具长度补偿设置

（1）任何方式下，按 偏置/参数设置按钮，选择偏置软键按钮，进入如图 2-17（a）所示偏置界面，按 PAGE 、 PAGE 翻页按钮可进行其余界面的切换。

（2）按 ↑ 、↓ 上、下光标按钮移动光标到外形（H）相对应刀号偏置位置。如，设置 1 号刀具长度补偿（即 H1 或 H01），则光标移动到如图 2-17（a）所示位置。

（3）输入刀具长度补偿数值，按"输入"软键或 输入按钮。如，输入刀具长度补偿值－215，先切换到如图 2-17（b）所示偏置界面光标位置，按"输入"或 输入按钮完成数值的输入。

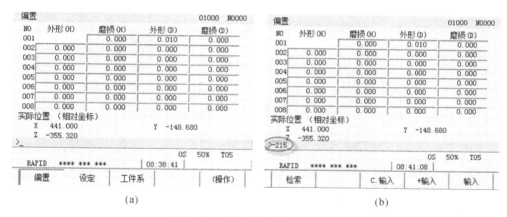

图 2-17 刀具长度补偿设置界面

（八）程序轨迹模拟仿真

（1）打开或输入加工程序。

（2）选择记忆加工方式。

（3）选择控制面板上的 空运行、 Z 轴锁住、 WST 锁住和 坐标锁住按钮，按 图像显示按钮，选择"加工图"软键，显示如图 2-18 所示界面。按"参数"软键，显示图形参数设置界面（见图 2-19）。

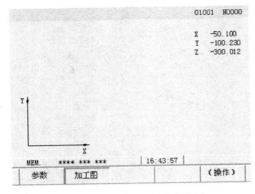

图 2-18　仿真加工图形界面

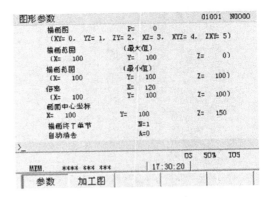

图 2-19　仿真加工图形参数界面

（4）按 循环启动按钮，系统开始执行轨迹模拟仿真（见图 2-20）。其仿真速度可以通过快速修调倍率和进给修调倍率进行修调。仿真完后，可以按"操作"软键，然后按"消去"软键，清除模拟仿真轨迹（见图 2-21）。

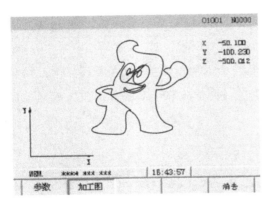

图 2-20　走刀仿真轨迹

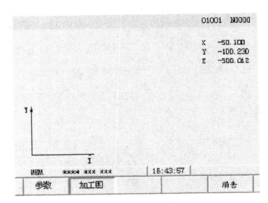

图 2-21　走刀仿真轨迹清除

（5）模拟仿真结束后，按"返回参考点"操作步骤对机床各坐标轴进行返回参考点操作。否则，自动执行程序时，工件坐标系原点位置将会发生偏移。

（九）自动加工

（1）打开或输入加工程序。

（2）选择记忆加工方式，并调节快速进给修调倍率和进给修调倍率到较小位置，按 循环启动按钮，机床自动执行程序，加工界面如图 2-22 所示。当机床进入平稳切削状态，调节修调倍率到最佳位置。

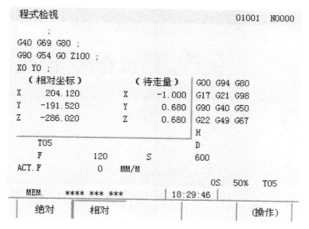

图 2-22 自动加工界面

注意：单段运行程序时，按下单段运行按钮，系统进入单段运行状态，即系统执行完一个程序段后，机床暂停(此时，进给保持按钮指示灯亮)，若要继续执行下一个程序段，须重新按下循环启动按钮；自动运行程序时，若要暂停程序运行，可按进给保持按钮进行暂停，要继续运行，则再次按下循环启动按钮即可。

任务二 SINUMERIK 802D 系统基本操作技能实训

一、SINUMERIK 802D 系统操作面板介绍

MV80 型加工中心 SINUMERIK 802D 系统控制面板主要由显示屏幕、控制面板及操作面板等功能区域组成。

（一）显示屏幕

SINUMERIK 802D 显示屏幕如图 2-23 所示，其主要由状态区、应用区和说明及软键区等组成。

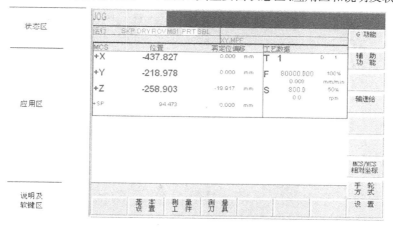

图 2-23 显示屏幕

1. 状态区

状态区显示单元如图 2-24 所示,其各单元说明见表 2-2。

图 2-24　状态区

表 2-2　状态区显示单元说明

标号	含　义
①	1)当前操作区域,有效方式; 2)加工方式:JOG、JOG 方式下增量大小、MDI、AUTOMATIC; 3)参数; 4)程序; 5)程序管理; 6)系统; 7)报警; 8)G291 标记的"外部语言"等
②	报警信息显示:1) 报警号、报警文本;2) 信息内容
③	程序状态栏:1) STOP:程序停止;2) RUN:程序运行;3) RESET:程序复位/基本状态
④	自动方式下程序控制
⑤	保留
⑥	NC 信息
⑦	所选择的零件程序类型

2. 应用区

应用区如图 2-23 所示,其主要显示机床不同屏幕信息。

3. 说明及软键区

说明及软键区如图 2-25 所示,其屏幕显示单元说明见表 2-3。

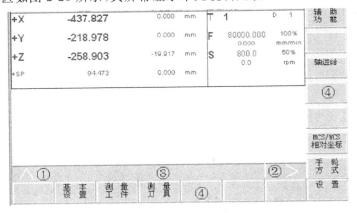

图 2-25　说明及软键区

表 2-3 屏幕显示单元说明

标号	显示符号	含 义
①	∧	返回键:表明处于子菜单上。按返回键,可以返回到上一级菜单栏
②	∨	扩充键:表明还有其他软键功能
	"L"	大小写字符转换
		执行数据传送
		链接 PLC 编程工具
③	信息提示栏	
④	垂直和水平软键栏	

(二) 控制面板

SINUMERIK 802D 控制面板如图 2-26 所示,其各按钮功能说明见表 2-4。

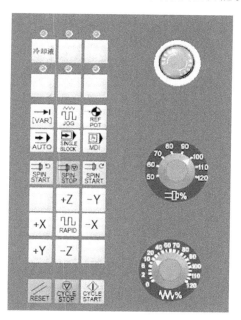

图 2-26 控制面板

表 2-4 控制面板各键功能说明

按键	功能	按键	功能
RESET	复位	SINGLE BLOCK	单段
CYCLE START	循环启动	MDI	手动数据输入(或 MDI 方式)
CYCLE STOP	循环停止	REF POT	返回参考点

续表

按键	功能	按键	功能
+X -X	X 轴点动	JOG	点动
+Y -Y	Y 轴点动	[VAR]	增量选择
-Z +Z	Z 轴点动	冷却液	冷却液开关
RAPID	快速移动叠加		用户定义键
SPIN START	主轴正转		紧急停止
SPIN STOP	主轴停止		主轴速度修调
SPIN START	主轴反转		进给速度修调
AUTO	自动方式		

（三）操作面板

SINUMERIK 802D 操作面板如图 2-27 所示，其各按钮功能说明见表 2-5。

图 2-24　操作面板

表 2-5 操作面板各键功能说明

按键	功能	按键	功能
∧	返回键	OFFSET PARAM	参数操作区域键
>	菜单扩展键	PROGRAM MANAGER	程序管理操作区域键
ALARM CANCEL	报警应答键	SYSTEM ALARM	报警/系统操作区域键
CHANNEL	通道转换键	CUSTOM NEXT WINDOW	未使用
HELP	信息帮助键	PAGE UP PAGE DOWN	上、下翻页
SHIFT	上挡键	◀ ▲ ▼ ▶	方向键
CTRL	控制键	SELECT	选择/转换键
ALT	ALT 键	END	至程序最后
⊔	空格键	A J W Z	字母键(上挡键转换对应字符)
BACK SPACE	删除键(退格键)	' 0 9	数字键(上挡键转换对应字符)
DEL	删除键	M POSITON	自动加工
INSERT	插入键	PROGRAM	程序
TAB	制表键	OFFSET PARAM	偏置/参数
INPUT	回车/输入键	PROGRAM MANAGER	程序管理
M POSITON	加工操作区域键	SHIFT + SYSTEM ALARM	系统
PROGRAM	程序操作区域键	SYSTEM ALARM	报警

二、SINUMERIK 802D 系统基本操作实训

以 MV80 型加工中心配备 SINUMERIK 802D 数控系统为例,介绍加工中心基本操作。

（一）开机、关机操作

1. 开机步骤

（1）打开机床主电源,系统进入自检。

（2）系统自检结束后,按顺时针方向旋转紧急停止按钮,解除急停报警,并按复位按钮进行系统复位操作。

2. 关机步骤

（1）按下紧急停止按钮。

（2）关闭机床主电源。

注意:关机之前,应将各轴移动到各轴行程的大致中间位置。

（二）手动操作

1. 返回参考点操作

（1）按 返回参考点按钮。

（2）依次按 +X 、+Y 、+Z 移动轴点动按钮,机床各轴将逐一返回机床参考原点,直到返回参考点界面 MCS 显示"●"符号,参考点数值显示为 0,表示各移动轴返回参考点操作结束,"○"符号表示移动轴未返回参考点,如图 2-28 所示。

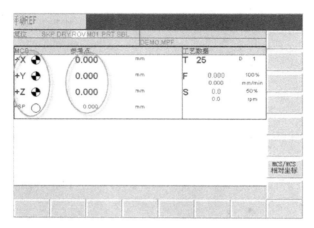

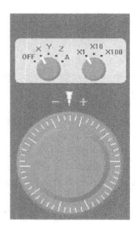

图 2-28　返回参考点界面　　　　　　　　图 2-29　手持盒

注意:1) 返回参考点操作之前,应检查各移动轴是否远离机床原点,不然先采用手动移动坐标轴方式远离机床原点,再做返回参考点操作;2) 机床采用绝对编码器时,可以不做返回参考点操作。

2. JOG（手动）方式

在 JOG 点动方式下,可以实现三种移动轴运动方式,其速度可以通过进给速度修调旋钮来调节。

（1）连续方式

选择 X、Y、Z 移动轴点动按钮,点按点动按钮实现移动轴的点动移动,长按点动按钮移动轴以机床设定的速度连续运动。若按住移动轴点动按钮的同时按住 快速键,实现快速移动轴的快速移动。

（2）增量方式

选择 增量选择方式,按相应的 X、Y、Z 移动轴点动按钮,移动轴以选择的步进增量(1、10、100、1000)进行运动。再按一次 点动键就可以取消步进增量方式。

（3）手轮方式

手持盒如图 2-29 所示,当选择 OFF 挡时,则手轮有效,连续方式无效。操作时,选择相应的移动轴,并旋转手轮脉冲发生器,进行对移动轴的运动,其速度的快慢可以通过移动速度倍率(×1、×10、×100)来进行调节。

注意:移动速度倍率×1、×10、×100分别表示手轮脉冲发生器旋转一格坐标轴移动0.001mm、0.01mm、0.1mm。

3. 主轴操作

(1) 按JOG(手动)按钮。

(2) 按 ⟲ 主轴正转或 ⟳ 主轴反转按钮,主轴正转或反转。

(3) 按 ⊘ 主轴停止按钮,主轴停。

注意:若上述操作主轴无动作,则需在手动(MDI)输入方式下,输入主轴动作指令来启动主轴动作。

4. 冷却液操作

(1) 选择JOG方式。

(2) 按 冷却液 冷却液开关按钮,冷却液开。

(3) 再按 冷却液 冷却液开关按钮,冷却液关。

5. 紧急操作

(1) 急停

机床在运行过程中遇到紧急情况,则应迅速按下"急停"按钮,使数控系统进入急停状态。这时,伺服进给及主轴运转立即停止。当故障排除后,可松开"急停"按钮(顺时针方向选择,急停按钮自动跳起),数控系统进入复位状态。

(2) 超程解除

当某轴出现超程报警时,需要进行超程解除操作,具体操作步骤如下:

1) 选择JOG方式。

2) 选择超程轴,并反方向移动,直到系统超程报警取消为止。

3) 按 ⟲ 复位键,系统复位。

注意:在进行超程解除操作时,应注意超程轴的移动方向。

(三) 手动输入

(1) 按 MDI 手动数据输入按钮,进入MDA功能界面,如图2-30所示。

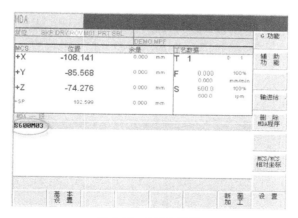

图2-30 MDA界面

（2）通过操作面板输入程序段，如 S600 M03。

（3）按 循环启动按钮，系统执行程序指令，主轴以 600r/min 正转。

（4）按 复位按钮或输入指令结束程序段的执行。

（四）程序管理

1. 程序列表

（1）按 程序管理操作区域按钮。

（2）按"程序"软键，显示所有加工程序清单，如图 2-31 所示。

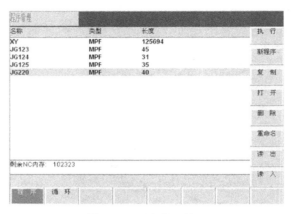

图 2-31　程序管理界面

2. 新建程序

（1）按 程序管理操作区域按钮。

（2）按"新程序"软键，弹出新程序名输入界面（见图 2-32），输入程序名（如 JG220）并按 软键确定，生成 JG220.MPF 程序名。

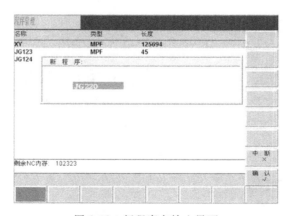

图 2-32　新程序名输入界面

（3）在零件程序编辑界面输入程序，如图 2-33 所示。

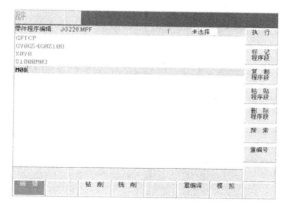

图 2-33 零件程序编辑界面

3. 程序调用

（1）按 PROGRAM MANAGER 程序管理操作区域按钮。

（2）按光标键选择调用或编辑的程序。

（3）按"打开"软键，进入到零件程序编辑界面，进行程序的编辑与修改。

（五）刀具偏置设置

刀具偏置相关数据处理参照任务一 FANUC 0i-MC 系统基本操作实训中的对刀及工件坐标系设置等内容。

1. 刀具补偿设置

（1）按 OFFSET PARAM 偏置/参数按钮，进入补偿设置界面，按"刀具表"软键显示刀具补偿参数界面，如图 2-34 所示。

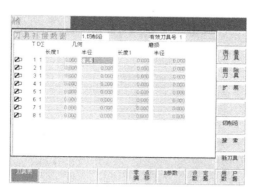

图 2-34 刀具补偿界面

（2）输入相应刀号刀具的半径或长度（几何或磨损）补偿值。

（3）按 INPUT 输入按钮，完成数值的输入。

2. 零点偏置设定

（1）按 OFFSET PARAM 偏置/参数按钮。

（2）按"零点偏置"软键，显示可设置零点或偏移界面，如图 2-35 所示。

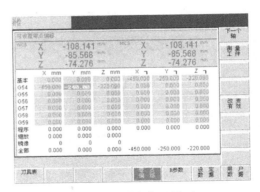

图 2-35　零点偏置界面

（3）通过移动光标选择相应的工件坐标系。

（4）输入相对应的值，按 ⬦ 输入按钮，完成数值的输入。

（六）程序轨迹模拟仿真

（1）按 ⬒ 自动加工方式按钮。

（2）按 Ⓜ 加工操作管理按钮，显示加工操作界面，如图 2-36 所示。

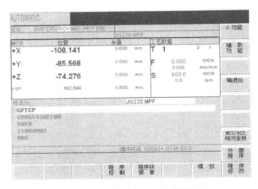

图 2-36　自动加工方式界面

（3）按"程序控制"软键，选择"程序测试"、"空运行进给"和"ROV 有效"软键，如图 2-37 所示。此时，自动加工方式下程序控制栏相应符号变亮，说明此功能有效。

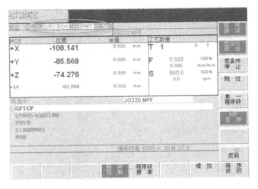

图 2-37　程序控制界面

程序控制界面软键功能见表 2-6。

表 2-6　程序控制界面软键功能

软键	说　明
程序控制	按下此键,显示所有用于选择程序控制方式(如程序测试、空运行进给等)
程序测试	将所有的进给轴和主轴的给定值禁止输出
空运行进给	进给轴以空运行设定的数据参数进给,执行空运行进给时编程指令无效
有条件停止	程序执行到 M01 指令的程序段时停止运行
跳　过	程序段前有斜线标志的程序段运行时跳过该程序段不予执行
单一程序段	此功能有效,零件程序单段执行
ROV 有效	此功能有效,进给倍率修调对快速进给生效

（4）按"模拟"软键。

（5）按 循环启动按钮,系统开始模拟加工,如图 2-38 所示。

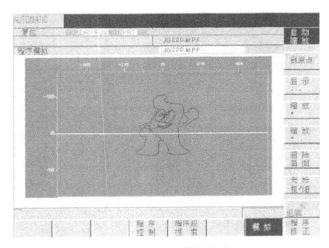

图 2-38　程序模拟界面

（6）模拟结束后,取消程序测试、空运行进给等功能。

注意: 模拟仿真速度快慢可以通过进给倍率旋钮来调节。

（七）自动执行

（1）按 自动加工方式按钮。

（2）按 程序管理区域按钮,进入程序管理菜单。在程序管理界面中显示所有加工程序清单,用光标移动选择待加工程序,按执行软键选择。

（3）选择 加工操作管理按钮,显示加工过程中的有关参数,如主轴转速、进给率,显示机床坐标系(MCS)或工件坐标系(WCS)中坐标轴的当前位置及剩余行程等。

（4）按 循环启动按钮,执行零件程序,程序将自动执行。

注意: 若要单段运行,按下单段运行按钮,系统进入单段运行状态,即系统执行完一个程序段后,机床暂停(此时,进给保持按钮指示灯亮),若要继续执行下一个程序段,须重新按下循环启动按钮;自动运行程序时,若要暂停程序运行,可按进给保持按钮进行暂停,要继续运行,则再次按下循环启动按钮即可。

任务三　HNC – 21/22M 系统基本操作技能实训

一、HNC – 21/22M 系统操作面板介绍

HNC – 21/22M 系统标准机床控制面板如图 2-39 所示,其主要由显示器、NC 键盘、操作面板、功能键及手持单元盒等组成。

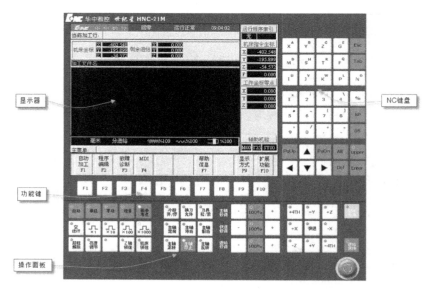

图 2-39　HNC – 21/22M 系统标准机床控制面板

（一）显示器

用于加工程序、汉字菜单、系统状态、故障报警的显示和加工轨迹的图形仿真等。

（二）NC 键盘

HNC – 21/22M 系统 NC 键盘各键功能见表 2-7。

表 2-7　HNC – 21/22M 系统 NC 键盘各键功能

按键	功　能	按键	功　能
x^A	字母键（上挡键转换对应字母）	Upper	上挡键（指示灯亮有效）
1	数字/字符键（上挡键转换对应字符）	Enter	回车确认键
Esc	取消键	Alt	Alt 键

续表

按键	功 能	按键	功 能
Tab	Tab键（备用键）	Del	删除键
%	程序名键	PgUp PgDn	上、下翻页键
SP	空格键	▲◀▶▼	光标上、下、左、右移动键
BS	回退键		

（三）操作面板

HNC-21/22M系统操作面板各键功能见表2-8。

表 2-8   HNC-21/22M系统操作面板各键功能

按键	名称	功能说明
自动	自动方式	自动执行存储在NC内的加工程序
单段	单段方式	单段执行一个程序段，程序段执行结束后停止，要继续运转需重新按循环启动按钮
手动	手动方式	在此方式下，按下进给轴选择按钮，选择的轴以手动进给速度移动
增量	手轮方式	在增量方式下，手持单元（手轮）有效
回参考点	返回参考点	在此方式下，配合进给轴按钮，可进行各坐标轴的参考点返回动作
空运行	空运行	在自动方式下，按该键CNC处于空运行状态，程序中编写的进给率被忽略，坐标轴以最大速度快速移动
×1 ×10 ×100 ×1000	增量值选择	在增量方式下，按此按钮（指示灯亮）选择点动进给轴按钮，选择轴移动一个脉冲（×1、×10、×100、×1000分别表示一个脉冲移动0.001mm、0.01mm、0.1mm、1mm）
超程解除	超程解除	用于各坐标轴移动超程时的解除
亮度调节	亮度调节	不断点击此按钮，屏幕的亮度将从暗到亮到暗连续地发生变化
Z轴锁住	Z轴锁住	在自动执行方式下，按下此键Z轴坐标位置信息变化，但Z轴不运动
机床锁住	机床锁住	在自动执行方式下，按下此按钮机床坐标轴的位置信息变化，但不输出伺服轴的移动指令，机床停止不动。该功能可用于校验程序

续表

按键	名称	功能说明
	循环启动	在自动方式和 MDI 方式下,按"循环启动"按钮(上面指示灯亮)执行加工程序
	进给保持	在自动方式和 MDI 方式下,按"进给保持"按钮(上面指示灯亮)机床暂停。若要继续运行,再次按下"循环启动"按钮
	冷却液开关	在手动方式下,按下此按钮(上面指示灯亮)表示冷却液开;再次按下灯不亮表示冷却液关
	换刀允许	在手动方式下,按下此按钮(指示灯亮)允许刀具松/紧操作
	刀具松紧	在换刀允许情况下(指示灯亮),按一下此按钮松开刀具;再次按一下(指示灯灭)表示刀具夹紧
	主轴定向	当主轴制动无效时按此键,主轴立即执行主轴定向功能,定向完成后按键内指示灯亮,主轴准确停止在某一固定位置
	主轴冲动	在手动方式下,主轴制动无效时按此键,指示灯亮,主轴电机以机床参数设定的转度和时间转动一定的角度
	主轴制动	在手动方式下,主轴制动无效时按下此键,主轴电机被锁定在当前位置
	主轴正转	按下此键,主轴以设定的转速顺时针旋转
	主轴反转	按下此键,主轴以设定的转速逆时针旋转
	主轴停止	主轴处于选择状态时,手动方式按下此键,主轴停止转动
	主轴修调	自动或手动方式下,主轴旋转时按"＋"(提高)或"－"(降低)键,每按一下修调 10%,修调范围为 50%～150%
	快速修调	自动加工时,修调快速移动速度(G00),按"＋"(提高)或"－"(降低)键,每按一下修调 10%,修调范围为 0%～100%
	进给修调	自动加工时,修调进给速度(G01),按"＋"(提高)或"－"(降低)键,每按一下修调 10%,修调范围为 0%～200%
	进给轴选择	在手动方式下,X、Y、Z 及第 4 轴方向选择键,长按选择键,机床连续运动,松开按钮,机床停止运动。执行快速移动时,需要同时按下"快进"按钮。选择轴移动时的速度受进给修调倍率的影响
	紧急停止按钮	用于切断和接通伺服电源;运行中遇到紧急情况,立即按下此按钮,切断伺服电源,机床将立即停止所有的动作,需要解除时,按顺时针方向旋转此按钮,即可恢复待机状态。关机时,需要按下此按钮。在手持操作盒上也有一个急停按钮

（四）手持单元盒

手持单元盒如图 2-40 所示，其主要由手摇脉冲发生器、坐标轴选择开关、进给修调倍率以及紧急停止开关组成，用于手摇方式增量进给坐标轴。

（五）软件操作界面

HNC－21/22M 系统操作界面如图 2-41 所示，其界面显示单元说明见表 2-9。

图 2-40 手持单元盒

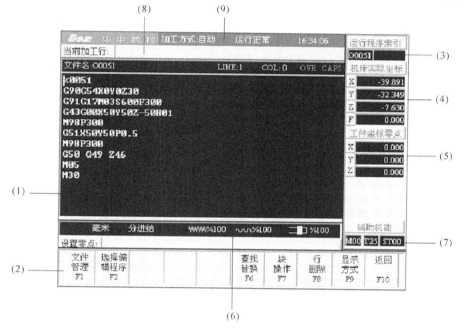

图 2-41 HNC－21/22M 系统操作界面

表 2-9 HNC－21/22M 系统操作界面显示单元说明

标号	名称	说 明
（1）	图形显示窗口	可以根据需要，通过 F9 功能键切换窗口显示内容
（2）	菜单命令条	通过菜单命令条中的功能键 F1～F10 来完成系统功能的操作
（3）	运行程序索引	自动加工中的程序名和当前程序段行号
（4）	坐标系	可以在机床坐标系、工件坐标系、相对坐标系之间切换；显示值可在指令位置、实际位置、剩余进给、跟踪误差等之间切换
（5）	工件坐标零点	工件坐标零点在机床坐标系中的坐标
（6）	倍率修调	显示主轴、进给、快速修调倍率
（7）	辅助机能	显示自动加工中的 M、S、T 代码
（8）	当前加工程序	当前正在或将要加工的程序段

续表

标号	名称	说　明
（9）	状态显示	1）工作方式：系统工作方式根据机床控制面板上相应按键的状态可在自动、单段、手动、增量、回零、急停、复位等之间切换； 2）运行状态：系统工作状态在"运行正常"和"出错"之间切换； 3）系统时钟：当前系统时间

操作界面系统功能的操作通过 F1～F10 功能键来完成主、子菜单层次之间的切换，如图 2-42 所示。

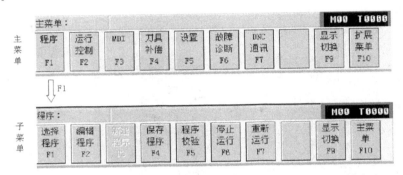

图 2-42　主、子菜单层次

HNC－21/22M 系统的菜单结构如图 2-43 所示。

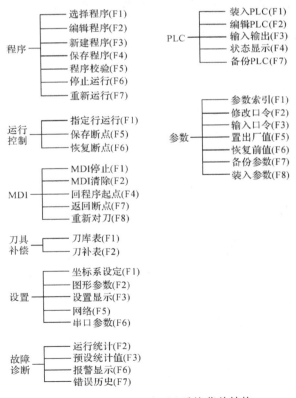

图 2-43　HNC－21/22M 系统菜单结构

二、HNC－21/22M 系统基本操作实训

以 BV75 型立式加工中心配 HNC－21/22M 数控系统为例,介绍加工中心的基本操作。

（一）开机、关机操作

1. 开机步骤

（1）打开机床主电源。

（2）系统进入自检。

（3）松开"急停"按钮,接通伺服电源。

注意:开机后,系统显示回参考点报警信息,做完回参考点操作,报警自动解除。

2. 关机步骤

（1）按下"急停"按钮。

（2）关闭机床主电源。

注意:关机之前,应保证各移动轴远离参考点位置,否则用手动方式移动各轴到行程的大致中间位置。

（二）手动操作

1. **参考点返回操作**

（1）选择 回参考点按钮。

（2）依次按下 +Z 、-X 、-Y 进给轴选择按钮。

（3）当进给轴旋转按钮内指示灯亮或机床坐标系坐标值显示为 0 时,表示回参考点结束。

注意:1) 在每次电源接通后,必须先完成各轴的返回参考点操作,然后再进行其他运行方式,以确保各轴坐标的正确性;2) 回参考点操作时,先回 Z 轴,再回其他轴;3) 在回参考点前,应确保各轴位于回参考点相反方向,并保持一定距离。

2. **手动方式**

（1）选择 手动方式按钮。

（2）选择移动进给轴按钮,移动轴按照进给轴方向进行移动。快速移动时,同时按住 快进 快进按钮,即可。

注意:1) 同时按压多个进给轴按钮,移动轴联动;2) 按压进给修调或快速修调右侧的 "100％"按钮(指示灯亮),进给或快速修调倍率被置为 100％,按一下"＋"或"－"按键,则以 10％的修调倍率进行递增或递减。

3. **增量方式**

（1）选择 增量方式按钮(指示灯亮)。

（2）选择手持单元盒移动进给轴和进给倍率(×1、×10、×100)。

（3）顺时针(正向)或逆时针(负向)旋转手摇脉冲发生器,转动一格发出一格脉冲。

注意:手持单元盒进给倍率×1、×10、×100 分别表示手摇脉冲发生器每转一格坐标轴移动 0.001mm、0.01mm、0.1mm。

4. 主轴控制

（1）选择手动方式或增量方式。

（2）按 [主轴正转] 主轴正转或 [主轴反转] 主轴反转按钮（指示灯亮），主轴正转或反转。按 [主轴停止] 主轴停止按钮，主轴停。

注意：1）主轴正转、主轴反转和主轴停止这三个按键互锁，即按其中一个（指示灯亮），其余键会失效（指示灯灭）；2）主轴正转及反转的速度可通过主轴修调调节，按一下"＋"或"－"按键，则以 10% 的修调倍率进行递增或递减。

5. 冷却液操作

（1）选择手动方式或增量方式。

（2）按 [冷却开/停] 冷却开/停按钮，冷却液开。

（3）再次按 [冷却开/停] 冷却开/停按钮，冷却液关。

6. 刀具安装操作

（1）选择手动方式。

（2）按 [换刀允许] 允许换刀按钮（指示灯亮），使得刀具松/紧操作有效。

（3）按 [刀具松/紧] 刀具松/紧按钮，松开刀具（默认值为夹紧）。

（4）再按 [刀具松/紧] 刀具松/紧按钮，夹紧刀具。

7. 紧急操作

（1）急停

机床在运行过程中遇到紧急情况，则应迅速按下"急停"按钮，使数控系统进入急停状态。这时，伺服进给及主轴运转立即停止；当故障排除后，可松开"急停"按钮（顺时针方向选择，急停按钮自动跳起），数控系统进入复位状态。

（2）超程解除

1）选择手动方式或增量方式。

2）按住 [超程解除] 超程解除按钮，同时反方向移动超程轴，直到系统超程报警取消为止。

（三）手动输入

手动输入方式又称 MDI 方式，主要用于换刀、主轴旋转、简单程序等指令的执行。

（1）选择 [自动] 自动方式或 [单段] 单段方式。

（2）按 F3（MDI）软键。

（3）输入指令，并按 [Enter] 输入按钮。

（4）按 [循环启动] 循环启动按钮，系统执行输入指令。

（5）在运行 MDI 指令时，按 F1（MDI 停止）软键，停止 MDI 运行。

（四）程序管理

在系统软件操作界面下，按 F1（程序）软键进入程序功能子菜单，如图 2-44 所示。在程序功能子菜单下，可以对加工程序进行编辑、存储、校验等操作。

图 2-44　程序功能子菜单

1. 选择程序

（1）按 F1（选择程序）软键，显示程序选择界面如图 2-45 所示。

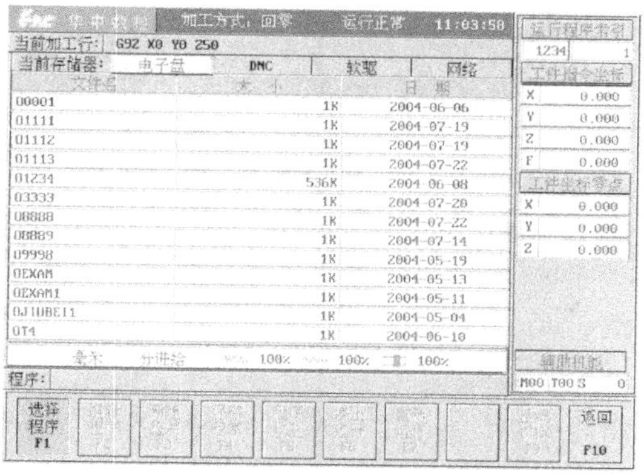

图 2-45　程序选择界面

其中：1）电子盘：保存在电子盘上的程序文件；

2）DNC：由串口发送过来的程序文件；

3）软驱：保存在软驱上的程序文件；

4）网络：建立网络连接后，网络路径映射的程序文件。

（2）用左、右光标移动键，选择当前存储器。

（3）用上、下光标移动键，选择存储器上的程序。

（4）按 Enter 输入按钮，即可将程序调入加工缓冲区，如图 2-46 所示。

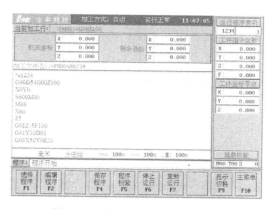

图 2-46　调入文件到加工缓冲区

2. 删除程序文件

（1）按 F1（选择程序）软键。

（2）用上、下光标移动键，选择要删除的程序。

（3）按 Del 删除按钮，系统弹出程序删除对话框，如图 2-47 所示。

（4）按"Y"或"N"键，选择是否删除或取消删除。

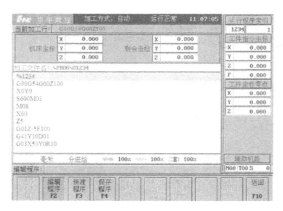

图 2-47 程序删除对话框

3. 编辑程序

（1）按 F1（选择程序）软键。

（2）用上、下光标移动键，选择编辑程序。

（3）按 Enter 输入按钮。

（4）按 F2（编辑程序）软键，系统弹出编辑程序界面，如图 2-48 所示。

（5）编辑当前程序。

图 2-48 编辑程序界面

4. 新建程序

（1）在程序功能子菜单下，按 F3（新建程序）软键将进入新建程序菜单，并提示"输入新建文件名"（光标在"输入新建文件名"栏闪烁），如图 2-48 所示。

（2）输入程序名，并按 Enter 输入键，进入程序编辑界面。

（3）输入程序。

（4）程序输入完成后，按 F4 保存程序按钮。

（5）按 Enter 输入键按钮，保存程序。

（五）刀具偏置设置

刀具偏置相关数据处理参照任务一 FANUC 0i-MC 系统基本操作实训中的对刀及工件坐标系设置等内容。

1. 刀具补偿设置

（1）按 F10 返回软键，切换软件操作界面到主界面。

（2）按 F4 刀具补偿软键，进入刀具补偿功能子菜单。命令行与菜单条的显示如图 2-49 所示。

图 2-49 刀具补偿功能子菜单

（3）按 F2 刀补表软键，打开刀具表设置界面，如图 2-50 所示。

（4）用光标移动键、翻页键按钮移动光标到相应刀号（♯0001 表示 1 号刀具）长度或半径补偿设置位置。

（5）输入刀具长度或半径值，并按 Enter 输入键按钮确定。

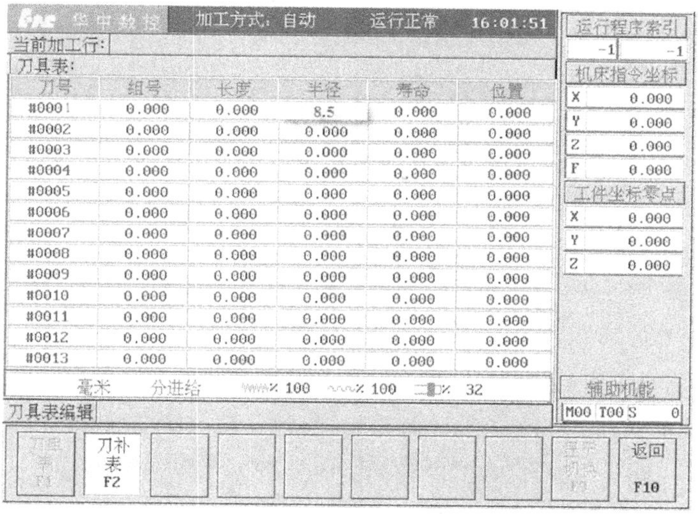

刀号	组号	长度	半径	寿命	位置
#0001	0.000	0.000	8.5	0.000	0.000
#0002	0.000	0.000	0.000	0.000	0.000
#0003	0.000	0.000	0.000	0.000	0.000
#0004	0.000	0.000	0.000	0.000	0.000
#0005	0.000	0.000	0.000	0.000	0.000
#0006	0.000	0.000	0.000	0.000	0.000
#0007	0.000	0.000	0.000	0.000	0.000
#0008	0.000	0.000	0.000	0.000	0.000
#0009	0.000	0.000	0.000	0.000	0.000
#0010	0.000	0.000	0.000	0.000	0.000
#0011	0.000	0.000	0.000	0.000	0.000
#0012	0.000	0.000	0.000	0.000	0.000
#0013	0.000	0.000	0.000	0.000	0.000

图 2-50 刀具数据的输入与修改

2. 工件坐标系设置

（1）按 F10 返回软键，切换到设置功能子菜单界面，如图 2-51 所示。

图 2-51 设置功能子菜单

（2）按 F1 坐标系设定软键，进入坐标系手动数据输入方式，图形显示窗口首先显示 G54 坐标系数据，如图 2-52 所示。

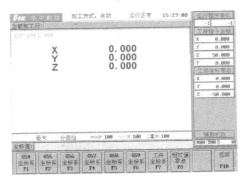

图 2-52　工件坐标系的设置

（3）通过 F1～F8 软键，选择相应设置的工件坐标系。

（4）输入工件坐标系值，如图 2-53 所示。

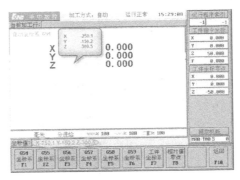

图 2-53　工件坐标系值的输入

（六）程序轨迹模拟仿真

（1）选择要校验的加工程序，方法参照"选择程序"步骤。

（2）按 自动 自动方式或 单段 单段方式按钮，进入程序运行方式。

（3）在程序菜单下，按 F5 程序校验软键，切换到自动校验界面，如图 2-54 所示。

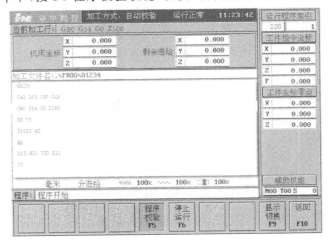

图 2-54　自动校验界面

（4）按 循环启动按钮，程序校验开始。

注意：1）程序校验时，机床不动。

2）若程序正确，校验完后，光标将返回到程序头，且软件操作界面的工作方式显示改为"自动"或"单段"；若程序有错，命令行将提示程序的哪一行有错，修改后可继续校验，直到程序正确为止。

3）为确保加工程序正确无误，可按 F9 显示切换软键来切换不同的显示界面，观察校验运行的结果。

（七）自动加工

1．自动运行

（1）按 自动方式按钮，进入程序自动运行方式。

（2）按 循环启动按钮，机床开始自动运行调入的加工程序。

2．暂停运行

（1）在自动运行过程中，按 进给保持按钮（指示灯亮，自动方式按钮指示灯灭），系统处于进给保持状态，但主轴、冷却液等正常运行。

（2）再按 循环启动按钮（指示灯亮，进给保持指示灯灭），机床又继续运行。

3．单段运行

（1）按 单段方式按钮（指示灯亮），系统处于单段自动运行方式，程序控制将逐段执行。

（2）按 循环启动按钮，运行一程序段，暂停（进给保持按钮指示灯亮）。

（3）再按 循环启动按钮，执行下一程序段，执行完了后又再次停止。

4．停止运行

（1）在程序运行的任何位置，按一下机床控制面板上的 进给保持按钮（指示灯亮），系统处于进给保持状态。

（2）按 手动方式按钮（指示灯亮），将机床的 M、S 功能关掉。

（3）如要退出系统，可按下机床控制面板上的"急停"键，中止程序的运行；如要中止当前程序的运行，又不退出系统，可按下"程序"功能下的 F7 重新运行软键，重新装入程序。

思考与练习

1．简述任意数控系统返回参考点操作步骤及其注意事项。

2．坐标轴超程时应如何解决？

3．选择任意数控系统，完成如表 2-10 所列程序的输入、编辑与调试，完成如图 2-55 所示"海宝"图形的仿真加工。

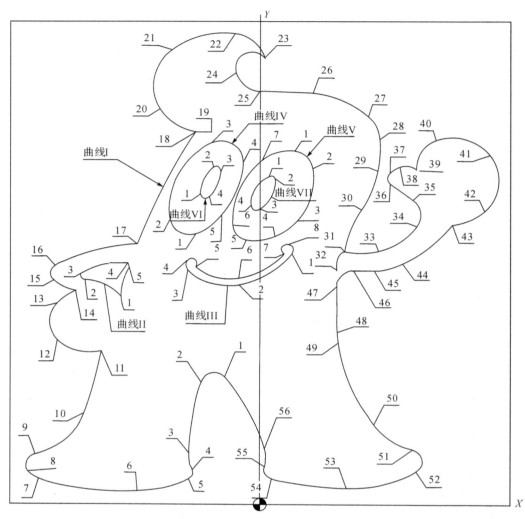

图 2-55 "海宝"图形

表 2-10 FANUC、SINUMERIK 和 HNC 系统参考程序

程序（FANUC、HNC）	程序（SINUMERIK）	程序说明
O0002	JG220	程序名
%1（FUNUC 省略）	CFTCP	
G54G69G90G40G00Z100	G54G69G90G40G00Z100	设置加工前准备参数
M3S2000	M3S2000	
X0Y0	X0Y0	
Z2	Z2	快速移动至安全高度
X−2.846Y10.603	X−2.846Y10.603	刀具快速移动至曲线Ⅰ1点上方

程序（FANUC、HNC）	程序（SINUMERIK）	程序说明
G1Z－0.06F50	G1Z－0.06F50	下刀
G3X－4.723Y10.217R1.083	G3X－4.723Y10.217CR＝1.083	
X－5.691Y4.206R24.865	X－5.691Y4.206CR＝24.865	
X－5.412Y2.878R2.865	X－5.412Y2.878CR＝2.865	
G2X－5.691Y2.084R0.592	G2X－5.691Y2.084CR＝0.592	
X－9.835Y1.056R10.815	X－9.835Y1.056CR＝10.815	
X－17.711Y2.084R22.893	X－17.711Y2.084CR＝22.893	
X－18.559Y2.722R1.588	X－18.559Y2.722CR＝1.588	
X－17.985Y4.145R0.931	X－17.985Y4.145CR＝0.931	
G3X－14.086Y7.582R5.375	G3X－14.086Y7.582CR＝5.375	
X－12.694Y12.79R32.747	X－12.694Y12.79CR＝32.747	
G2X－16.209Y13.652R3.638	G2X－16.209Y13.652CR＝3.638	
X－16.209Y16.71R2.112	X－16.209Y16.71CR＝2.112	
X－14.752Y17.715R5.665	X－14.752Y17.715CR＝5.665	
X－16.551Y18.616R4.387	X－16.551Y18.616CR＝4.387	
X－16.434Y19.789R0.713	X－16.434Y19.789CR＝0.713	加工曲线Ⅰ
X－9.853Y21.569R14.753	X－9.853Y21.569CR＝14.753	
X－5.196Y30.893R49.289	X－5.196Y30.893CR＝49.289	
G3X－3.933Y30.893R4.068	G3X－3.933Y30.893CR＝4.068	
G2X－8.042Y32.8R4.068	G2X－8.042Y32.8CR＝4.068	
X－7.093Y37.645R3.664	X－7.093Y37.645CR＝3.664	
X－2.017Y38.981R7.062	X－2.017Y38.981CR＝7.062	
X0.341Y36.963R2.812	X0.341Y36.963CR＝2.812	
G3X－1.956Y35.735R1.324	G3X－1.956Y35.735CR＝1.324	
X－0.077Y34.206R2.213	X－0.077Y34.206CR＝2.213	
G2X4.186Y34.077R37.678	G2X4.186Y34.077CR＝37.678	
X8.61Y32.182R7.699	X8.61Y32.182CR＝7.699	
X9.546Y30.261R2.777	X9.546Y30.261CR＝2.777	
X9.393Y27.685R11.028	X9.393Y27.685CR＝11.028	
X8.08Y24.475R9.242	X8.08Y24.475CR＝9.242	
G3X6.716Y21.01R9.273	G3X6.716Y21.01CR＝9.273	

续表

程序（FANUC、HNC）	程序（SINUMERIK）	程序说明
X6.121Y19.415R1.312	X6.121Y19.415CR＝1.312	
G2X6.716Y21.01R1.312	G2X6.716Y21.01CR＝1.312	
G3X9.463Y21.01R5.799	G3X9.463Y21.01CR＝5.799	
X12.526Y23.083R5.778	X12.526Y23.083CR＝5.778	
X12.21Y25.27R1.55	X12.21Y25.27CR＝1.55	
X10.377Y26.58R83.638	X10.377Y26.58CR＝83.638	
G2X10.377Y27.532R0.635	G2X10.377Y27.532CR＝0.635	
X11.14Y27.995R2.532	X11.14Y27.995CR＝2.532	
X12.526Y27.758R1.369	X12.526Y27.758CR＝1.369	
X14.055Y30.208R2.339	X14.055Y30.208CR＝2.339	
X18.36Y28.974R3.819	X18.36Y28.974CR＝3.819	
X17.943Y24.35R3.388	X17.943Y24.35CR＝3.388	
X15.355Y23.219R4.569	X15.355Y23.219CR＝4.569	
X11.371Y19.965R12.275	X11.371Y19.965CR＝12.275	加工曲线 I
X9.09Y19.415R5	X9.09Y19.415CR＝5	
G1X7.421Y19.415	G1X7.421Y19.415	
G3X6.121Y18.115R1.3	G3X6.121Y18.115CR＝1.3	
G1X6.121Y14.294	G1X6.121Y14.294	
G3X6.191Y13.456R5	G3X6.191Y13.456CR＝5	
X9.09Y6.67R15.831	X9.09Y6.67CR＝15.831	
X12.21Y4.584R5.589	X12.21Y4.584CR＝5.589	
G2X12.458Y2.7R1.022	G2X12.458Y2.7CR＝1.022	
X6.88Y1.355R10.682	X6.88Y1.355CR＝10.682	
X0.918Y2.12R32.629	X0.918Y2.12CR＝32.629	
X0.353Y3.102R0.768	X0.353Y3.102CR＝0.768	
G3X0.353Y4.713R2.66	G3X0.353Y4.713CR＝2.66	
X－2.846Y10.603R17.737	X－2.846Y10.603CR＝17.737	
G0Z5	G0Z5	抬刀
X－11.193Y17.279	X－11.193Y17.279	刀具快速移动至曲线 II 1点上方
G1Z－0.06F50	G1Z－0.06F50	下刀

程序（FANUC、HNC）	程序（SINUMERIK）	程序说明
G3X−14.093Y18.657R3.986	G3X−14.093Y18.657CR＝3.986	加工曲线Ⅱ
G2X−14.238Y19.241R0.3	G2X−14.238Y19.241CR＝0.3	
X−10.66Y20.015R5.813	X−10.66Y20.015CR＝5.813	
X−10.499Y19.731R0.2	X−10.499Y19.731CR＝0.2	
G3X−11.193Y17.279R8.012	G3X−11.193Y17.279CR＝8.012	
G0Z5	G0Z5	抬刀
X2.528Y20.828	X2.528Y20.828	刀具快速移动至曲线Ⅲ1点上方
G1Z−0.06F50	G1Z−0.06F50	下刀
G2X−1.747Y18.221R7.178	G2X−1.747Y18.221CR＝7.178	加工曲线Ⅲ
X−5.799Y19.413R4.597	X−5.799Y19.413CR＝4.597	
X−5.799Y20.301R0.615	X−5.799Y20.301CR＝0.615	
X−5.196Y19.731R0.415	X−5.196Y19.731CR＝0.415	
G3X−1.747Y18.763R4.175	G3X−1.747Y18.763CR＝4.175	
X1.919Y20.83R6.245	X1.919Y20.83CR＝6.245	
G2X1.747Y21.443R0.394	G2X1.747Y21.443CR＝0.394	
X2.528Y20.828R0.497	X2.528Y20.828CR＝0.497	
G0Z5	G0Z5	抬刀
X−5.196Y22.442	X−5.196Y22.442	刀具快速移动至曲线Ⅳ1点上方
G1Z−0.06F50	G1Z−0.06F50	下刀
G2X−7.244Y23.691R1.542	G2X−7.244Y23.691CR＝1.542	加工曲线Ⅳ
X−4.017Y29.936R6.147	X−4.017Y29.936CR＝6.147	
X−1.362Y28.468R1.814	X−1.362Y28.468CR＝1.814	
X−3.111Y23.961R8.611	X−3.111Y23.961CR＝8.611	
X−5.196Y22.442R4.57	X−5.196Y22.442CR＝4.57	
G0Z5	G0Z5	抬刀
X2.703Y29.327	X2.703Y29.327	刀具快速移动至曲线Ⅴ1点上方
G1Z−0.06F50	G1Z−0.06F50	下刀

续表

程序（FANUC、HNC）	程序（SINUMERIK）	程序说明
G2X4.186Y27.874R1.709	G2X4.186Y27.874CR＝1.709	加工曲线 V
X2.97Y23.561R5.34	X2.97Y23.561CR＝5.34	
X1.194Y22.243R4.972	X1.194Y22.243CR＝4.972	
X－1.121Y21.936R4.184	X－1.121Y21.936CR＝4.184	
X－2.219Y23.155R1.294	X－2.219Y23.155CR＝1.294	
X0.146Y28.568R6.662	X0.146Y28.568CR＝6.662	
X2.703Y29.327R3.338	X2.703Y29.327CR＝3.338	
G0Z5	G0Z5	抬刀
X－4.792Y25.757	X－4.792Y25.757	刀具快速移动至曲线Ⅵ1点上方
G1Z－0.06F50	G1Z－0.06F50	下刀
G2X－3.799Y27.97R2.906	G2X－3.799Y27.97CR＝2.906	加工曲线 Ⅵ
X－3.14Y27.612R0.4	X－3.14Y27.612CR＝0.4	
X－4.086Y25.503R4.205	X－4.086Y25.503CR＝4.205	
X－4.792Y25.757R0.4	X－4.792Y25.757CR＝0.4	
G0Z5	G0Z5	抬刀
X0.715Y27.235	X0.715Y27.235	刀具快速移动至曲线Ⅶ1点上方
G1Z－0.06F50	G1Z－0.06F50	下刀
G2X1.218Y26.928R0.35	G2X1.218Y26.928CR＝0.35	加工曲线 Ⅶ
X－0.121Y24.466R2.827	X－0.121Y24.466CR＝2.827	
X－0.807Y24.858R0.45	X－0.807Y24.858CR＝0.45	
X0.715Y27.235R2.706	X0.715Y27.235CR＝2.706	
G0Z100	G0Z100	抬刀
X0Y100	X0Y100	回原点
M30	M30	程序结束，返回

模块三 数控铣床(加工中心)基本项目操作技能实训

知识目标

(1) 掌握数控铣床坐标系及常用 G 代码、M 代编程指令字的功能。

(2) 掌握 FANUC、SINUMERIK 和 HNC 数控系统的基本编程格式。

(3) 掌握数控加工工艺卡片的填写。

技能目标

(1) 会编制简单零件的加工工艺。

(2) 会填写数控加工工艺卡片。

(3) 会编制简单零件的加工程序。

(4) 会操作数控铣床(加工中心)完成零件的加工。

(5) 会利用常用量具完成零件的质量检测。

任务导入

数控铣削常用于二维轮廓、型腔、曲面、箱体、孔系等零件加工,而这些零件的加工几何要素主要由直线、圆弧、曲线、曲面等组成。本模块以数控铣床编程为例,主要通过数控铣削基本项目的相关知识学习和技能操作实训,掌握数控铣削编程、工艺编排、操作、检测等基本操作技能。

任务一 直线轮廓加工

一、任务布置

完成如图 3-1 所示"十"字滑槽零件的加工。零件材料为 LY12,毛坯尺寸为 80mm×80mm×12mm(长×宽×高)。

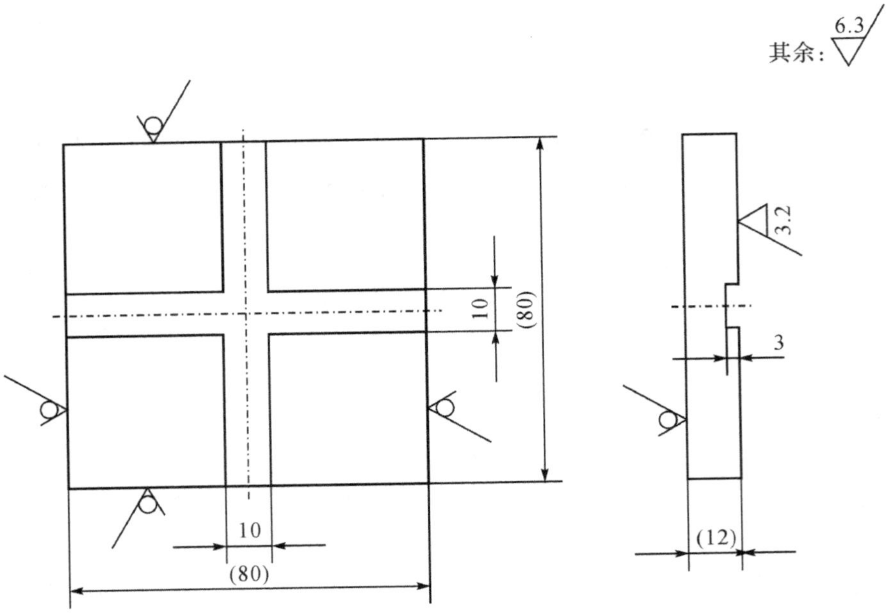

其余: 6.3 ▽

图 3-1 "十"字滑槽零件

【知识目标】

(1) 掌握数控铣床(加工中心)坐标系统的建立及原则。

(2) 熟悉 G17、G18、G19 平面指令及工件坐标系指令的功能。

(3) 掌握 G90、G91、G00、G01 指令的编程格式。

(4) 熟悉数控加工工艺分析及工艺卡片的填写。

【技能目标】

(1) 会编制直线槽零件的加工程序。

(2) 会制订直线槽零件的加工工艺。

(3) 会填写直线槽零件的数控加工工艺卡。

(4) 会操作数控铣床(加工中心)完成直线槽零件的加工及质量检测。

二、知识链接

(一) 程序格式

数控程序一般由程序名、程序内容和程序结束三部分组成,程序格式见表 3-1。

表 3-1　程序格式

程 序		说　明		
O(%)××××;		程序名		
N10	G90 G54 G00 Z100;	程序内容	程序段	执行顺序
N20	G00 X0 Y0		程序段	
……	……		程序段	
N90	M05;		程序段	
N100	M30;	程序结束		

1. 程序名

FANUC、SINUMERIK 和 HNC 系统的程序名命名规则见表 3-2。

表 3-2　FANUC、SINUMERIK 和 HNC 系统程序名命名规则

系　统	命名规则
FANUC	格式:O×××× 由字母"O"开头,后面跟四位数字(0001~9999)组成,如 O0020、O1234 等
SINUMERIK	2~16 位字母和数字组成,开始两位必须是字母,其后字符可以是字母、数字、下划线,如 CNC1、CNC-1-1 等
HNC	1)文件名:由字母"O"后跟 1 位或多位(最多为 7 位)字母、数字或字母与数字组成 2)程序名:由"%"开头,后跟程序名(必须是 1~4 位数字)组成

注:①数控程序有主程序和子程序之分,FANUC 系统、HNC 系统子程序名与主程序名的命名规则相同。

②SINUMERIK 系统主程序的后缀为 . MPF,子程序名的后缀为 . SPF。

③任何系统新建程序名不能与系统已有程序名重复。

2. 程序内容

程序内容是整个程序的核心,它由许多程序段组成,而每个程序段由一个或若干个指令组成,指令字代表某一信息单元。每个指令字由地址符和数字组成,它代表机床的一个位置或一个动作。每个程序段结束处应有"EOB"或"CR"(回车)表示该程序段转入下一个程序段。地址符由字母组成,每一个字母、数字和符号都称为字符。

FANUC、SINUMERIK 和 HNC 系统可变程序段格式及指令对应符号含义见表 3-3。

表 3-3　FANUC、SINUMERIK 和 HNC 系统可变程序段格式及指令对应符号含义

程序段格式	N…	G…	X±…	Y±…	Z±…	M××	S…	F…	;(↵)
含义	程序段号	准备功能	坐标轴运动尺寸字			辅助功能	主轴转速	进给速度	程序段结束

注:"↵"符号表示 SINUMERIK 和 HNC 系统在程序段换行时,按回车或输入键自动生成程序段结束符(显示不可见),表示程序段结束。

3. 程序结束

主程序一般采用 M30 或 M02 指令来实现程序结束。FANUC、HNC 系统采用 M99 来表示子程序结束并返回主程序，SINUMERIK 系统则通常用 M17、M02 或字符"RET"作为子程序的结束标记。

（二）数控铣床（加工中心）坐标系

1. 机床坐标系

为了确定数控机床各运动轴和辅助运动，必须先确定机床上运动的位移和运动的方向，这就需要通过坐标系来实现，这个坐标系被称为机床坐标系，也叫标准坐标系。

2. 机床坐标系建立原则

（1）刀具相对于静止零件而运动的原则

由于机床的结构不同，有的是刀具运动，零件固定；有的是刀具固定，零件运动等。为了编程方便，一律规定为零件固定，刀具运动。

（2）笛卡尔直角坐标系原则

机床坐标系中 X、Y、Z 坐标轴的相互关系用右手笛卡尔直角坐标系决定，具体规则如图 3-2所示。

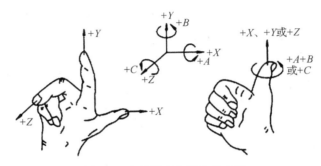

图 3-2　右手笛卡尔直角坐标系

1）伸出右手的大拇指、食指和中指，并互为 90°。则大拇指代表 X 坐标，食指代表 Y 坐标，中指代表 Z 坐标。

2）大拇指的指向为 X 坐标的正方向，食指的指向为 Y 坐标的正方向，中指的指向为 Z 坐标的正方向。

3）围绕 X、Y、Z 坐标旋转的旋转坐标分别用 A、B、C 表示，根据右手螺旋定则，大拇指的指向为 X、Y、Z 坐标中任意轴的正向，则其余四指的旋转方向即为旋转坐标 A、B、C 的正向。

3. 机床坐标系方向的确定

（1）Z 坐标

Z 坐标的运动方向是由传递切削动力的主轴所决定的，即平行于主轴轴线的坐标轴即为 Z 坐标，Z 坐标的正向为刀具离开工件的方向。如果机床上有几个主轴，则选一个垂直于工件装夹平面的主轴方向为 Z 坐标方向；如果主轴能够摆动，则选垂直于工件装夹平面的方向为 Z 坐标方向；如果机床无主轴，则选垂直于工件装夹平面的方向为 Z 坐标方向。立式数控铣床 Z 向坐标如图 3-3 所示。

（2）X 坐标

X 坐标平行于工件的装夹平面,一般在水平面内。确定 X 轴的方向时,要考虑两种情况:

1) 如果工件做旋转运动,则刀具离开工件的方向为 X 坐标的正方向。

2) 如果刀具做旋转运动,则分为两种情况:Z 坐标水平时,观察者沿刀具主轴向工件看时,$+X$ 运动方向指向右方;Z 坐标垂直时,观察者面对刀具主轴向立柱看时,$+X$ 运动方向指向右方。立式数控铣床 X 向坐标如图 3-3 所示。

（3）Y 坐标

在确定 X、Z 坐标的正方向后,可以用根据 X 和 Z 坐标的方向,按照右手笛卡尔直角坐标系来确定 Y 坐标的方向。

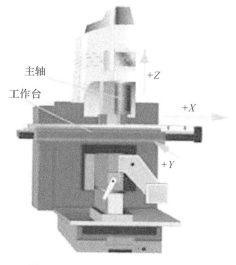

图 3-3　立式数控铣床的坐标系

4. 机床原点与机床参考点

（1）机床原点

机床原点是指在机床上设置的一个固定点,即机床坐标系的原点(也称为机床零点)。它在机床装配、调试时就已确定好,是数控机床进行加工运动的基准参考点。一般情况下不允许用户进行更改。数控铣床(加工中心)的机床原点一般设在刀具远离工件的极限点处,即坐标正方向的极限点处,并由机械挡块来确定其具体的位置。

（2）机床参考点

机床参考点是数控机床上一个特殊位置的点,如图 3-4 所示。通常,第 1 参考点一般位于靠近机床零点的位置,并由机械挡块来确定其具体的位置。机床参考点与机床原点的距离由系统参数设定,如果其值为零则表示机床参考点和机床零点重合。

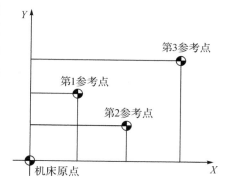

图 3-4　机床原点和参考点

对于大多数数控机床来说,开机后第一步就是要进行机床返回参考点(即机床回零)。当机床处于参考点位置时,系统显示屏上显示的机床坐标系值即是系统中设定的参考点距离参数值。开机回参考点的目的就是为了建立机床坐标系,即通过参考点当前的位置和系统参数中设定的参考点与机床原点的距离值来反推出机床原点位置。机床坐标系一经建立,只要机床不断电,将永远保持不变,且不能通过编程来对它进行改变。

机床上除设立了参考点外,还可用参数来设定第 2、第 3 参考点,设立这些参考点的目的是为了建立一个固定的点,在该点处数控机床执行诸如换刀等一些特殊的动作。

5. 工件坐标系

机床坐标系的建立保证了刀具在机床上的正确运动。但是,由于加工程序的编制通常是针对某一工件,并根据其零件图样进行的,为了便于尺寸计算、检查,加工程序的坐标原点一般都与零件图样的尺寸基准一致。这种针对某一工件,根据零件图样建立的坐标系称为工件坐标系(也称编程坐标系)。工件坐标系原点也称编程坐标系原点,该点是指工件装夹完成后,选择工件上的某一点作为编程或工件加工的原点。

选择工件坐标系原点应遵循以下原则:

(1) 工件坐标系原点应选在零件的设计基准上,以便于各基点、节点坐标的计算,减少编程误差。

(2) 工件坐标系原点应尽量选在精度较高的工件表面上,以提高被加工零件的加工精度。

(3) 对于结构对称的零件来说,工件坐标系原点应选在工件的对称中心上。

(4) 工件坐标系原点的选择应方便对刀及测量。

(三) 程序指令

1. 准备功能指令

准备功能指令简称 G 代码,其由地址符"G"和 1～3 位数字组成,它用来规定刀具和工件的相对运轨迹、工件坐标系、坐标平面、刀具补偿、坐标偏置等多种加工操作。不同数控系统的 G 代码功能各不相同,使用时以数控系统编程说明书为准。

G 代码有模态和非模态之分,模态指令代码一经指定后持续有效,直到被同组代码注销才失效。非模态指令代码则仅在本程序段中有效。

(1) 平面选择指令(G17、G18、G19)

加工平面选择用来决定要加工的平面,同时也决定了程序段中刀具的插补平面和刀具半径补偿方向和圆弧插补的平面,即确定一个两坐标的坐标平面,在这些平面中可以进行刀具半径补偿及刀具长度补偿。各平面坐标关系如图 3-5 所示。

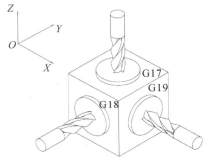

图 3-5　各工作平面坐标关系

对于数控铣床(加工中心)而言,通常都是在 XY 坐标平面内进行轮廓加工。该组指令为模态指令,一般系统初始状态为 G17 状态,故 G17 可省略。

指令格式:见表 3-4。

表 3-4　FANUC、SINUMERIK 和 HNC 系统平面选择指令格式

系统	指令格式	说　　明
FANUC	G17	G17 指令为 XY 平面选择
SINUMERIK	G18	G18 指令为 ZX 平面选择
HNC	G19	G19 指令为 YZ 平面选择

对于刀具长度补偿的坐标轴为所确定工作平面的垂直坐标轴,如表 3-5 所示。

表 3-5　平面及坐标轴

工作平面指令	工作平面	垂直坐标轴(用于刀具长度补偿)
G17	XY	Z
G18	ZX	Y
G19	YZ	X

（2）工件坐标系选择（G54～G59）

工件坐标系选择指令是规定工件坐标系原点的指令，工件坐标系原点又称编程原点。数控编程时，必须先建立工件坐标系，目的是建立工件坐标系与机床坐标系之间的空间位置关系，确定刀具刀位点在坐标系中的坐标值。执行程序前，需事先通过对刀确定工件坐标系偏置，并在系统工件坐标系偏置中设置相应的 G54～G59。当程序执行工件坐标系指令时，系统将会自动建立移动轴坐标与机床坐标系之间的关系。

指令格式：G54～G59

说明：1）G54～G59 指令可以分别用来选择相应的工件坐标系。在系统电源接通并返回参考点后，系统自动选择 G54 坐标系。

2）G54～G59 可以选择 6 个工件坐标系。通过 CRT/MDI 面板设定机床零点到各坐标系原点的距离，便可设定 6 个工件坐标系，与工件的安装和刀具的位置无关，如图 3-6 所示。建立的坐标系与机床原点位置相对固定，因此，适用于批量生产，只要零件装夹位置不变，该指令建立的坐标系位置就不变。

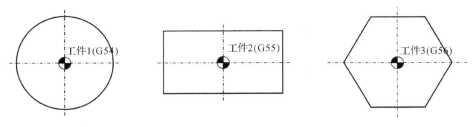

图 3-6　工件坐标系的选择

（3）编程方式（G90、G91）

1）绝对坐标编程（G90）

在程序中指定 G90 后，刀具运动过程中所有的刀具位移坐标都相对于编程原点的坐标，如图 3-7 所示。

2）相对坐标编程（G91）

在程序中指定 G91 后，刀具运动过程中所有的刀具位移坐标为增量坐标值，即刀具当前点的坐标值以前一点坐标为基准而得，是一个增量值，如图 3-7 所示。

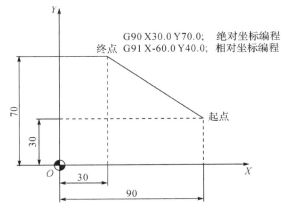

图 3-7　绝对坐标方式和相对坐标方式

指令格式：见表 3-6。

表 3-6 FANUC、SINUMERIK 和 HNC 系统编程方式选择指令格式

系统	指令格式	说明
FANUC		G90 指令为绝对坐标编程
SINUMERIK	G90/G91	
HNC		G91 指令为相对坐标编程

（4）快速定位（G00）

G00 指令是使刀具以预先系统设定的快速移动进给速度从当前所在位置快速移动到程序段所指定的下一个定位点或移动一个增量值。

指令格式：见表 3-7。

表 3-7 FANUC、SINUMERIK 和 HNC 系统 G00 编程格式

系统	指令格式	说明
FANUC		X、Y、Z 为定位终点，在绝对编程方式时为终点
SINUMERIK	G00 X_Y_Z_;	在工件坐标系中的坐标，在相对值方式时为终
HNC		点相对于起点的位移量

注：1）G00 指令中的快进速度由机床参数对各轴分别设定，不能用程序 F 规定。

2）G00 指令一般用于加工前快速定位或加工后快速退刀；

3）G00 指令为模态代码，可由 G01、G02、G03 或 G33 功能注销。

（5）直线插补（G01）

直线插补 G01 指令表示刀具从当前位置以给定的切削速度 F，按线性路线（联动直线轴的合成轨迹为直线）移动到程序段所指定的终点位置或移动一个增量值。

指令格式：见表 3-8。

表 3-8 FANUC、SINUMERIK 和 HNC 系统 G01 编程格式

系统	指令格式	说明
FANUC		1. X、Y、Z 与 G00 指令中相同
SINUMERIK	G01 X_Y_Z_F_;	2. F 为切削进给速度，其单位为 mm/min 或 mm/r
HNC		由 G94 或 G95 指令指定

注：G01 指令为模态代码，可由 G02、G03 或 G33 指令注销。

2. 辅助功能

辅助功能简称 M 代码，其主要由地址符"M"和两位数字组成，用于控制机床辅助动作的指令。M 代码也有模态与非模态功能之分。

常用 M 指令功能见表 3-9。

表 3-9   FANUC、SINUMERIK 和 HNC 系统常用 M 指令功能

指令	功能	状态	指令	功能	状态
M00	程序暂停		M06	换刀	非模态
M01	程序选择停	非模态	M08	冷却液开	模态
M02	程序结束		M09	冷却液关	
M03	主轴顺时针旋转		M30	程序结束并返回到程序起点	非模态
M04	主轴逆时针旋转	模态	M98	调用子程序	模态
M05	主轴停止		M99	子程序取消	

3. 主轴速度功能

主轴速度功能简称 S 代码,其主要由地址符"S"和数值组成,用于主轴转速的控制。单位为 r/min。

4. 刀具功能

刀具功能简称 T 代码,其主要地址符"T"和数值(刀具号)组成,用于系统(加工中心)对各种刀具的选择。

三、工艺分析

(一)加工工艺分析

1. 结构分析

零件主要完成两个 10mm 直线槽的加工。

2. 精度分析

由图 3-1 可知,直线槽控制尺寸为槽宽 10mm、深度 3mm 两个尺寸,且尺寸都为自由公差,加工时尺寸精度控制在 IT14 级。

3. 加工刀具分析

根据零件材料及加工结构和精度分析,选用 ϕ10mm 高速钢立铣刀进行零件直线槽的加工,就可以达到其加工要求。

4. 零件装夹方式分析

根据材料规格及零件加工要求,使用机用精密平口钳直接装夹零件的方式,该装夹方式简单可靠。

(二)加工工艺文件

1. 数控编程任务书

数控编程任务书如表 3-10 所示。

表 3-10　数控编程任务书

×××××× 工艺处	数控编程任务书	产品零件图号	/	任务书编号	
		零件名称	"十字"滑槽	/	
		使用设备	加工中心	共1页　第1页	

主要工艺说明及技术要求：

①直线槽尺寸精度达到图样要求。详见产品工艺卡。

②技术要求详见零件图。

收到编程时间		月　　日		经手人		
编制		审核		编程		审核	审批

（表格下部分为）

编制		审核		编程		审核		审批	

2. 零件安装方式

数控加工工件安装及工件坐标系设定卡如表 3-11 所示。

表 3-11　数控加工工件安装及工件坐标系设定卡

零件名称	"十字"滑槽	数控加工工件安装和工件坐标系设定卡		工序号	/
零件图号	/			夹具名称	精密平口钳
使用设备	加工中心			夹具编号	/
共1页　第1页				装夹次数	1次

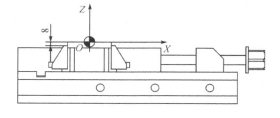
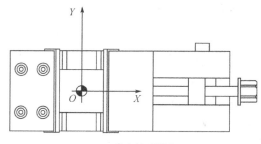

(a)装夹立体图　　　　　　　　　　(b)工件坐标系设定

编制（日期）		审核（日期）		审批（日期）	

3. 数控铣削加工工序

数控铣削加工一次性完成切削加工,其数控加工工序如表 3-12 所示。

表 3-12　数控加工工序卡

××××× 机械厂	数控加工工序卡			产品名称	零件名称	零件图号
				/	"十字"滑槽	/
工序号	夹具名称	夹具编号		车间	使用设备	加工材料
/	精密平口钳	/		数控车间	加工中心	LY12
工步号	工步内容	程序编号	刀位号	刀具规格	主轴转速 S(r/min)	进给速度 F(mm/min)	切削速度 a_p(mm)	备注
1	铣零件上表面	O0001	/	ϕ50	800	100	1	
2	铣直线槽	O0002		ϕ10	1000	100	3	
编制		审核		审批			共1页　第1页	

4. 数控铣削加工刀具

使用 ϕ50mm 面铣刀和 ϕ10mm 立铣刀完成直线槽的加工。数控刀具明细表及数控刀具卡如表 3-13 所示。

表 3-13　数控刀具明细表及数控刀具卡

零件名称	零件图号	加工材料	数控刀具明细表				车间	使用设备
"十字"滑槽	/	LY12					数控车间	加工中心
序号	刀位号	刀具名称	刀具		刀补地址		换刀方式	加工部位
			规格	半径	长度	半径	长度	自动/手动	
1		面铣刀	ϕ50	/	/	/	/	手动	工件表面
2		立铣刀	ϕ10	/	/	/	/	手动	直线槽

(a)ϕ50面铣刀

(b)ϕ10立铣刀

编制		审核		批准			年　月　日	共1页　第1页

5. 刀具运行轨迹

编程尺寸比较简单,由图 3-1 就可以直接得到。机床刀具运行轨迹如表 3-14 所示。

表 3-14　机床刀具运行轨迹

××××× 机械厂	机床刀具 运行轨迹图	零件名称	零件图号	使用设备
		"十"字滑槽	/	加工中心
		刀位号	程序编号	1页　　第1页
		/	/	

a) 加工零件上表面	
0	(0，0，100)
1	(−70，−20，100)
2	(−70，−20，5)
3	(−70，−20，−1)
4	(70，−20，−1)
5	(70，20，−1)
6	(−70，20，−1)
7	(−70，20，100)

(1)刀具:面铣刀

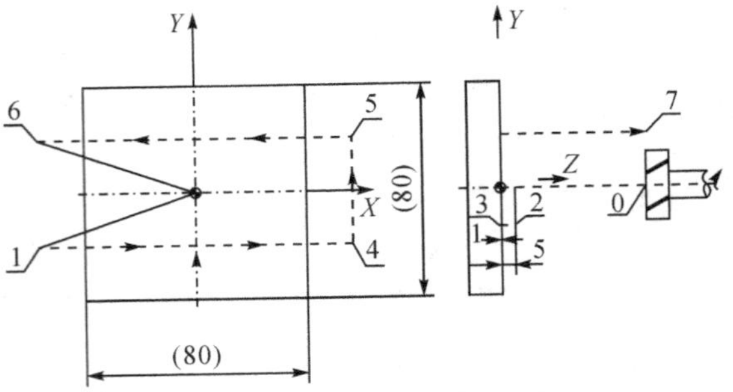

(a)加工零件上表面

b) 加工直线槽	
0	(0，0，100)
1	(−50，0，100)
2	(−50，0，5)
3	(−50，0，−3)
4	(50，0，−3)
5	(50，50，−3)
6	(0，50，−3)
7	(0，−50，−3)
8	(0，−50，100)

(2)刀具:立铣刀

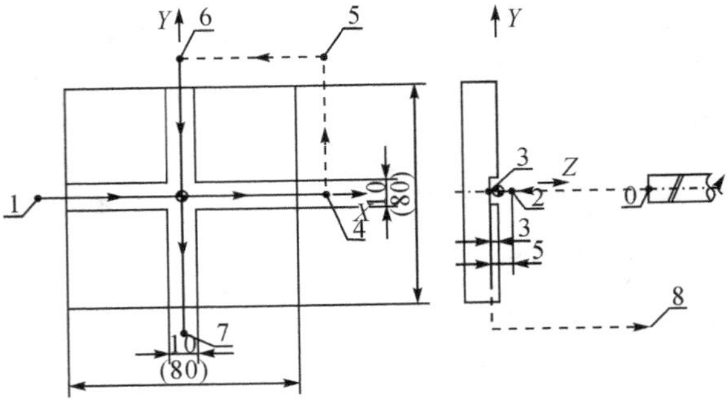

(b)加工直线槽

说明:

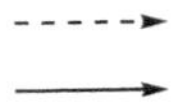

- - - →

——→

编程员		审核		日期	

6. 程序编制

FANUC、SINUMERIK 和 HNC 系统直线槽零件加工程序卡如表 3-15 所示。

表 3-15　FANUC、SINUMERIK 和 HNC 系统直线槽零件加工程序卡

零件名称	"十"字滑槽	数控加工程序单	刀位号	使用设备	共 1 页
零件图号	/			加工中心	第 1 页

程序段号	程　序	程　序　说　明
	O0001 (ZXC01)；	FANUC、SINUMERIK 程序名、HNC 文件名，手动换面铣刀
N100	%0001(FANUC、SINUMERIK 略)	HNC 程序名
N110	G90 G54 G00 X0 Y0 Z100；	编程方式、选择工件坐标系、刀具快速定位零点
N120	M03 S800 ；	主轴正转，800r/min
N130	M08；	冷却液打开
N140	G00 X－70 Y－20；	→①快速到达定位点
N150	Z5；	→②快速到达安全平面
N160	G01 Z－1 F100；	→③切削进给到切削深度
N170	X70；	→④铣工件上表面
N180	Y20；	→⑤切削进给
N190	X－70；	→⑥铣工件上表面
N200	G00 Z100；	→⑦快速返回到初始高度
N210	X0Y0；	→①快速到达定位点
N220	M05；	主轴停止
N230	M09；	冷却液关
N240	M30；	程序结束
N250	O0002 (ZXC02)；	FANUC、SINUMERIK 程序名、HNC 文件名，手动换立铣刀
N260	%0002(FANUC、SINUMERIK 略)	HNC 程序名
N270	G90 G54 G00 Z100；	编程方式、选择工件坐标系，刀具快速到达离工件表面100mm 处
N280	M03 S1000 ；	主轴正转，1000r/min
N290	X0 Y0；	刀具快速回到工件坐标系原点位置
N300	M08；	冷却液打开
N310	X－50 Y0；	→①快速到达定位点

N320	Z5；	→②快速到达安全平面
N330	G01 Z－3 F100；	→③切削进给到切削深度
N340	X50；	→④铣直线槽
N350	G00 Y50；	→⑤快速定位
N360	X0；	→⑥快速定位
N370	G01 Y－50 F100；	→⑦铣直线槽
N380	G00 Z100；	→⑧快速返回到初始高度
N390	M05；	主轴停止
N400	M09；	冷却液关
N410	M30；	程序结束

注：编程时，程序前几个程序段为机床加工的各项准备工作指令，然后才开始编写加工程序。

四、技能实训

1. 实训准备

根据工艺方案设计以及项目任务要求，给出直线槽零件加工工具、量具、刃具等准备清单，如表 3-16 所示。

表 3-16 直线槽零件加工工具、量具、刃具准备清单

课题名称		"十"字滑槽			
序号	分类	名称	规格	单位	数量
1	机床	加工中心	MV80	台	1
2	毛坯	LY12	80mm×80mm×12mm（长×宽×高）	块	1
3	夹具	精密平口钳	150mm×50mm	台	1
4	刀具	面铣刀（或盘铣刀）	ϕ50mm	把	1
5		立铣刀	ϕ10mm	把	1
6	工具系统	强力刀柄	与立铣刀刀具匹配	套	1
7		面铣刀刀柄	与面铣刀匹配	套	1
8	量具	游标卡尺	0～150mm	把	1
9	其他		常用辅助工具	若干	

2. 加工准备

（1）检查设备油、气是否达要到求。

（2）开机，回机床参考点。

（3）检查毛坯是否符合加工要求，并安装工件，用等高块把毛坯垫上，放在已校正平行的平口钳中间位置，使上表面高出钳口 6～8mm（留有足够的空间完成直线槽的铣削加工），用木槌或橡胶锤敲击工件上表面夹紧平口钳。

（4）对刀，设定工件坐标系（G54）。

3. 程序输入

输入表 3-15 所列参考程序到数控系统中。

4. 模拟加工

校验程序走刀轨迹是否符合机床刀具运行轨迹要求。

5. 自动加工

换刀后首次加工时，为防止对刀或工件坐标系零点偏置有误，在程序执行前先进行单段加工，待确定对刀或程序运行平稳后，再取消"单段"加工采用自动加工。在加工过程中，应根据机床运行情况，调整机床主轴转速和进给倍率，确保机床平稳、高效地运行。

6. 结束准备

完成零件加工，去除零件毛刺，打扫、清理机床和周围设施，并做好机床保养等工作。

五、质量评价

按照项目评分表对加工零件进行质量评价，评分表如表 3-17 所示。

表 3-17　直线槽评分表

工件编号				总得分			
课题名称		直线槽		加工设备		加工中心	
项目与配分		序号	技术要求	配分	评分标准	检测结果	得分
工件加工质量（60分）	直线槽	1	10	30	不符一处扣5分		
		2	3	15	不符一处扣5分		
		3	$R_a 3.2$	15	升高一级全扣		
程序与工艺（15分）		4	程序正确、合理等	5	出错一次扣1分		
		5	切削用量选择合理	5	出错一次扣1分		
		6	加工工艺制定合理	5	出错一次扣1分		
机床操作（15分）		7	机床操作规范	7	出错一次扣1分		
		8	刀具、工件装夹	8	出错一次扣1分		
工件完整度（10分）		9	工件无缺陷	10	缺陷一处扣2分		
安全文明生产（倒扣分）		10	安全操作机床	倒扣	出事故停止操作或酌情扣5～10分		
		11	工量具摆放	倒扣	不符规范酌情扣5～10分		
		12	机床整理	倒扣			

六、常见问题解析

（1）安装刀具、工件的夹紧力大小应适当。过大工件易变形,过小刀具易发生"拉刀"现象或工件飞出夹具伤人。并确保工件伸出平口钳钳口大于加工深度。

（2）对刀时,当刀具快接近工件表面时,应将进给倍率调小,避免速度太快发生撞刀。

（3）设置工件坐标系偏置时,应与编程工件坐标系一致。

（4）编制程序或修改后,必须确保光标在程序开头,并仔细检查程序走刀路线是否符合要求。

（5）对于刀具首次下刀,应修调快速倍率和进给倍率为较小值,并选用单段加工,防止对刀有误而发生"打刀"现象。当程序运行正常时,重新调整倍率为正常值,并采用自动加工。

（6）加工时,关好机床防护门。

七、巩固训练

完成如图 3-8 所示"N"字槽零件的加工。零件材料为 LY12,毛坯尺寸为 80mm×80mm×12mm。"N"字槽零件评分表如表 3-18 所示。

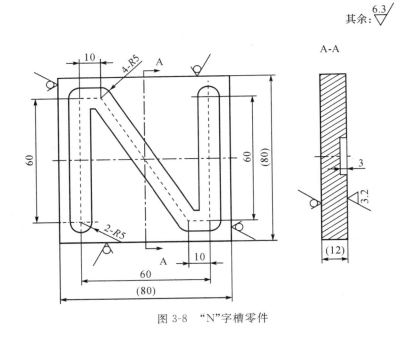

图 3-8 "N"字槽零件

表 3-18 "N"字槽零件评分表

工件编号（姓名）				总 得 分		
课题名称		"N"字槽		加工设备	加工中心	
项目与配分		序号	技术要求	配分	评分标准	检测结果	得分
工件加工质量（60分）	"N"字槽	1	60（3处）	24	不符一处扣2分		
		2	R5	15	不符一处扣2分		
		3	3	15	不符一处扣2分		
		4	$R_a3.2$	6	升高一级全扣		
程序与工艺（15分）		5	程序正确、合理等	5	出错一次扣1分		
		6	切削用量选择合理	5	出错一次扣1分		
		7	加工工艺制定合理	5	出错一次扣1分		
机床操作（15分）		8	机床操作规范	7	出错一次扣1分		
		9	刀具、工件装夹	8	出错一次扣1分		
工件完整度（10分）		10	工件无缺陷	10	缺陷一处扣2分		
安全文明生产（倒扣分）		11	安全操作机床	倒扣	出事故停止操作或酌情扣5～10分		
		12	工量具摆放	倒扣	不符规范酌情扣5～10分		
		13	机床整理	倒扣			

 思考与练习

1. 数控加工程序主要由哪几部分组成？

2. 机床坐标系的建立应遵循哪几个原则？

2. 数控加工程序指令字主要有哪几大类？各有何功能？

3. 什么是模态指令和非模态指令？

4. G90 与 G91 指令编程时的区别是什么？常用的是哪一种？

5. 什么是 G00、G01 指令？使用时两者有何区别？

任务二　圆弧轮廓加工

一、任务布置

完成如图 3-9 所示圆弧轮廓"6S"零件的加工。零件材料为 LY12，毛坯尺寸为 80mm×80mm×12mm（长×宽×高）。

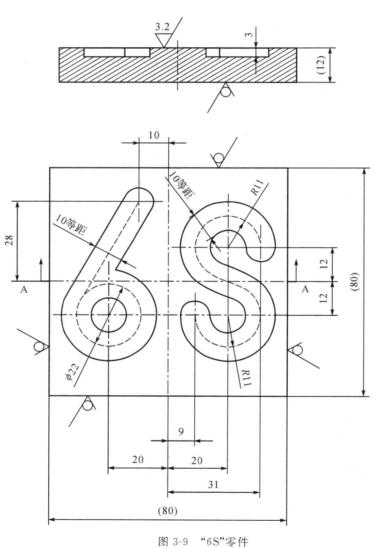

图 3-9　"6S"零件

【知识目标】

（1）掌握 G02、G03 指令的编程格式。
（2）掌握数控加工工艺分析及工艺卡片的填写。

【技能目标】

（1）会编制圆弧轮廓零件的加工程序。
（2）会制订圆弧轮廓零件的加工工艺。
（3）会填写圆弧轮廓零件的数控加工工艺卡。
（4）会操作加工中心完成圆弧轮廓零件的加工及质量检测。

二、知识链接

圆弧插补指令是刀具在给定的平面内，沿进给方向以设定的进给速度从圆弧起点插补到指令给出的目标终点位置。G02 为顺时针方向圆弧插补指令，G03 为逆时针方向插补指令。

G02 和 G03 与坐标平面的选择有关，其判别方法：根据右手笛卡尔直角坐标系，从垂直于圆弧插补平面(如 X、Y 平面)轴(Z 轴)的正方向向负方向看圆弧走向，若插补方向为顺时针方向，则为 G02 指令，反之，为 G03 指令。

在各平面 G02、G03 圆弧插补走向如图 3-10 所示。

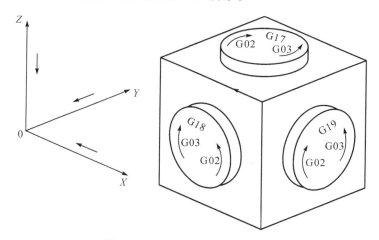

图 3-10　G02、G03 圆弧插补走向

G02、G03 圆弧插补有半径和圆心两种格式。

1. 半径格式

指令格式：见表 3-19。

表 3-19　FANUC、SINUMERIK 和 HNC 系统 G02、G03 圆弧插补半径格式

系　　统	指令格式	说　　明
FANUC	G17 G02(G03)X_Y_R_F_; G18 G02(G03)X_Z_R_F_;	1）X、Y、Z 为圆弧终点坐标
HNC	G19 G02(G03)Y_Z _R_F_;	2）R、CR 为圆弧半径 3）F 为圆弧插补进给速度
SINUMERIK	G17 G02(G03)X_Y_CR= _F_; G18 G02(G03)X_Z_CR= _F_; G19 G02(G03)Y_Z_CR= _F_;	

2. 圆心格式

指令格式：见表 3-20。

表 3-20　FANUC、SINUMERIK 和 HNC 系统 G02、G03 圆弧插补圆心格式

系统	指令格式	说　　明
FANUC		1）X、Y、Z 为圆弧终点坐标
SINUMERIK		2）I、J、K 分别表示为圆弧插补起点到圆心 X、Y、Z 方向的增矢量，即圆心坐标减去起点坐标，如图 3-11 所示 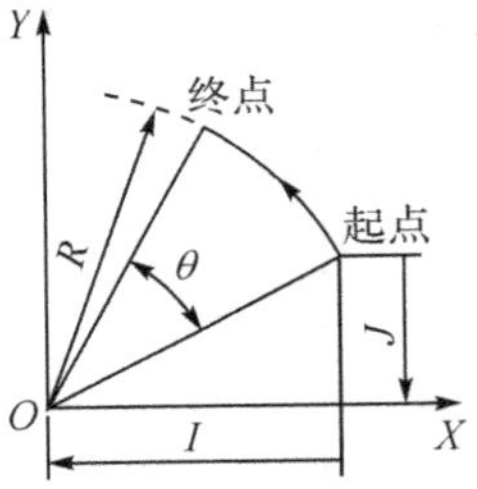
HNC	G17 G02(G03)X_Y_I_J_F_; G18 G02(G03)X_Z_I_K_F_; G19 G02(G03)Y_Z _J_K_F_;	图 3-11　判别方法 3）F 为圆弧插补进给速度

注意：1）圆心格式，适合任何圆弧角 θ 的编程，得到的圆弧是唯一的；

2）当圆心角 θ≤180°时，圆弧半径 R 为正值；当 θ>180°时，R 为负值；

3）加工整圆时，只能采用圆心坐标格式编程；

4）R 与 I、J 同时编入时，R 有效。

三、工艺分析

（一）加工工艺分析

1. 结构分析

主要完成"6"、"S"圆弧轮廓的加工，加工深度为 3mm。

2. 精度分析

由图 3-9 可知,尺寸控制主要为 10mm、3mm 两个尺寸,且尺寸都为自由公差,按 IT14 级加工。

3. 加工刀具分析

根据零件加工结构和精度分析,选用 ϕ10mm 高速钢立铣刀进行零件槽的加工,就可以达到其加工要求。

4. 零件装夹方式分析

根据零件加工要求,使用机用精密平口钳直接装夹零件的方式。

(二)加工工艺文件

1. 数控编程任务书

数控编程任务书如表 3-21 所示。

表 3-21　数控编程任务书

××××× 工艺处	数控编程任务书	产品零件图号	/	任务书编号	
		零件名称	"6S"零件		/
		使用设备	加工中心	共 1 页　第 1 页	

主要工艺说明及技术要求:

①圆弧轮廓尺寸精度达到图样要求。详见产品工艺卡。

②技术要求详见零件图。

收到编程时间			月　　日		经手人		
编制		审核		编程		审核		审批	

2. 零件安装方式

数控加工工件安装和工件坐标系设定卡参照表 3-11 所列。

3. 数控铣削加工工序

数控铣削加工一次性完成切削加工,其数控加工工序参照表 3-12 所列。

4. 数控铣削加工刀具

使用 ϕ50mm 面铣刀和 ϕ10mm 立铣刀完成"6S"圆弧轮廓的加工。其数控刀具明细表及数控刀具卡参照表 3-13 所列。

5. 刀具运行轨迹

编程尺寸相对简单,由图 3-9 所示就可以直接得到。机床刀具运行轨迹如表 3-22 所示。

表 3-22　机床刀具运行轨迹

××××× 机械厂	机床刀具运行轨迹图	零件名称	零件图号	使用设备
		"6S"零件	/	加工中心
		刀位号	程序编号	共 1 页　第 1 页
		/	/	

加工"6S"圆弧轮廓	
1	(−10,28)
2	(−29.6,−6.6)
3	(9,−12)
4	(24.4,−1.9)
5	(15.6,1.9)
6	(31,12)

刀具：立铣刀

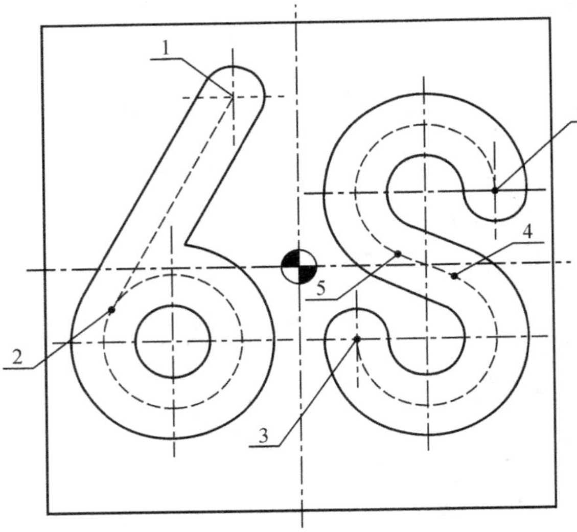

注：面铣刀运行轨迹、程序与任务一直线槽上表面加工相同。

编程员		审核		日期	

6. 程序编制

FANUC、SINUMERIK 和 HNC 系统"6S"圆弧轮廓零件加工程序卡如表 3-23 所示。

表 3-23　FANUC、SINUMERIK 和 HNC 系统圆弧轮廓零件加工程序卡

零件名称	"6S"零件	数控加工程序单	刀位号	使用设备	共 1 页 第 1 页
零件图号	/		/	加工中心	
程序段号	FANUC、HNC	SINUMERIK		程序说明	
	O0002	XD0002		程序名或文件名，手动换立铣刀	
N100	%0002(FANUC 略)				

N110	G90 G54 G00 Z100	G90 G54 G00 Z100	设置加工前准备参数
N120	X0 Y0	X0 Y0	
N130	S1000 M3	S1000 M3	
N140	M8	M8	
N150	X−10 Y 28	X−10 Y 28	→①快速到达定位点
N160	Z5	Z5	快速到达安全平面
N170	G1 Z−3 F50	G1 Z−3 F50	切削进给到切削深度
N180	X−29.6Y−6.6 F100	X−29.6 Y−6.6 F100	→②铣直线槽
N190	G03 X−29.6 Y−6.6 I9.6 J−5.4	G0 3X−29.6 Y−6.6 I9.6 J−5.4	→②铣削圆
N200	G00 Z5	G00 Z5	抬高到安全平面
N210	X9 Y−12	X9 Y−12	→③快速到达定位点
N220	G01Z−3 F50	G01Z−3 F50	切削进给到切削深度
N230	G03 X24.4 Y−1.9 R−11 F100	G03 X24.4 Y−1.9 CR=−11 F100	→④铣圆弧轮廓
N240	G0 1X15.6 Y1.9	G01 X15.6 Y1.9	→⑤铣直线槽
N250	G02 X31 Y12 R−11	G02 X31 Y12 CR=−11	→⑥铣圆弧轮廓
N260	G0 Z100	G0 Z100	→⑧快速返回到初始高度
N270	M5	M5	主轴停止
N280	M9	M9	冷却液关
N290	M30	M30	程序结束

四、技能实训

1. 实训准备

根据工艺方案设计要求以及项目任务要求,给出圆弧轮廓零件加工工具、量具、刀具等准备清单,参照表3-16所列。

2. 加工准备、程序输入、模拟加工、自动加工、结束准备参照任务一直线槽的操作步骤。

五、质量评价

根据各自实训结果，按照项目评分表对加工零件进行质量评价。评分表如表 3-24 所示。

表 3-24 圆弧轮廓评分表

工件编号（姓名）					总得分		
课题名称		圆弧轮廓零件			加工设备		加工中心
项目与配分		序号	技术要求	配分	评分标准	检测结果	得分
工件加工质量（60分）	圆弧轮廓	1	10 等距	10	不符一处扣 5 分		
		2	$\phi 20$	10	不符不得分		
		3	20	5	不符不得分		
		4	12	10	不符不得分		
		5	R11	10	不符一处扣 5 分		
		6	3	10	不符一处扣 5 分		
		7	$R_a 3.2$	10	升高一级全扣		
程序与工艺（15分）		8	程序正确、合理等	5	出错一次扣 1 分		
		9	切削用量选择合理	5	出错一次扣 1 分		
		10	加工工艺制定合理	5	出错一次扣 1 分		
机床操作（15分）		11	机床操作规范	7	出错一次扣 1 分		
		12	刀具、工件装夹	8	出错一次扣 1 分		
工件完整度（10分）		13	工件无缺陷	10	缺陷一处扣 2 分		
安全文明生产（倒扣分）		14	安全操作机床	倒扣	出事故停止操作或酌情 5～10 分		
		15	工量具摆放	倒扣	不符规范酌情扣 5～10 分		
		16	机床整理	倒扣			

六、常见问题解析

（1）编程时，注意圆弧圆心角的大小，合理选择半径或圆心的编程格式。

（2）刀具首次 Z 向下刀时，调整进给倍率为较小值，防止零件在下刀位置出现孔径变大现象。

七、巩固训练

完成如图 3-12 所示"六"字槽零件的加工。零件材料为 LY12，毛坯尺寸为 80mm×80mm×12mm。"六"字槽零件评分表如表 3-25 所示。

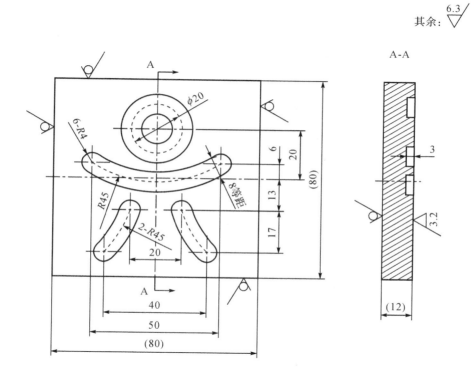

图 3-12　"六"字槽零件

表 3-25 "六"字槽零件评分表

工件编号				总得分			
课题名称		"六"字槽		加工设备		加工中心	
项目与配分	序号	技术要求	配分	评分标准		检测结果	得分
工件加工质量（60分）	1	$\phi20$	5	不符不得分			
	2	8 等距（4 处）	12	不符一处扣 3 分			
	3	R45（3 处）	6	不符不得分			
	4	6	2	不符不得分			
	5	13	2	不符不得分			
	6	17	2	不符不得分			
	7	20	4	不符不得分			
	8	40	2	不符不得分			
	9	50	2	不符不得分			
	10	R4	6	不符一处扣 1 分			
	11	3	12	不符一处扣 4 分			
	12	$R_a3.2$	5	升高一级全扣			
程序与工艺（15分）	13	程序正确、合理等	5	出错一次扣 1 分			
	14	切削用量选择合理	5	出错一次扣 1 分			
	15	加工工艺制定合理	5	出错一次扣 1 分			
机床操作（15分）	16	机床操作规范	7	出错一次扣 1 分			
	17	刀具、工件装夹	8	出错一次扣 1 分			
工件完整度（10分）	18	工件无缺陷	10	缺陷一处扣 2 分			
安全文明生产（倒扣分）	19	安全操作机床	倒扣	出事故停止操作或酌情扣 5～10 分			
	20	工量具摆放	倒扣	不符规范酌情扣 5～10 分			
	21	机床整理	倒扣				

（工件加工质量栏左侧竖排：「六」字槽）

思考与练习

1. FANUC、SINUMERIK 和 HNC 系统，其 G02 或 G03 圆弧指令的编程格式如何？在编程时应该注意哪几个方面？

2. 简述图 3-12 所示零件数控加工工艺。

任务三 外轮廓加工

一、任务布置

完成如图 3-13 所示正方形凸台外轮廓零件的加工。零件材料为 LY12，毛坯尺寸为80mm×80mm×12mm(长×宽×高)。

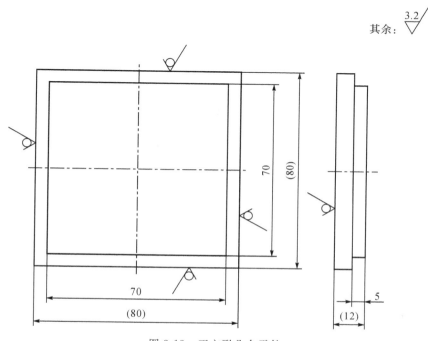

图 3-13 正方形凸台零件

【知识目标】

(1) 掌握简单外轮廓的编程方法。

(2) 熟练掌握刀具半径补偿(G41、G42、G40)指令的功能。

(3) 掌握刀具切入与切出进给路线的确定。

【技能目标】

(1) 会合理选择加工刀具及调整加工时的切削参数。

(2) 会合理选择刀具切入与切出进给路线。

(3) 会进行刀具半径补偿偏置的设置。

(4) 能利用刀具半径补偿功能完成工件的粗、精加工，并进行尺寸测量。

二、知识链接

由于刀具运动轨迹为刀具回转中心的轨迹,和切削刃不一致,存在一定的半径量,为了确保铣削加工出的轮廓符合图纸要求,编程时就必须在图纸要求轮廓的基础上,整个周边向外或向内预先偏离一个刀具半径量。如图 3-14 所示,按照刀具中心轨迹编制 70mm×70mm 外轮廓时,需要向外偏置一个刀具半径,才能编制出符合轮廓尺寸要求的程序。但对于复杂几何轮廓而言,其数值处理复杂,尤其当刀具磨损、重磨、更换新刀等导致刀具半径变化时,必须重新计算刀心轨迹,修改程序,这样既烦琐,又不易保证加工精度。

目前数控系统一般都具备刀具半径补偿功能,编程时只需按工件轮廓进行编程,数控系统会自动计算刀心轨迹坐标,使刀具中心偏离工件轮廓一个偏置值 D（在系统刀具半径补偿偏置中设定）,如图 3-14 所示。

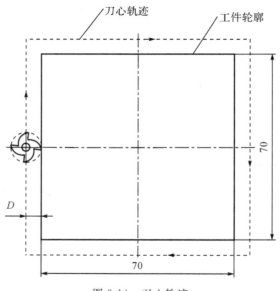

图 3-14　刀心轨迹

（一）G41、G42、G40 刀具半径补偿指令

指令格式:见表 3-26。

表 3-26　FANUC、SINUMERIK 和 HNC 系统 G41、G42、G40 刀具半径补偿指令格式

系统	指令格式	说　明
FANUC HNC	G17 G00/G01 G41/G42 X_Y_D_; G18 G00/G01 G41/G42 X_Z_D_; G19 G00/G01 G41 /G42Y_Z_D_;	建立刀具半径左(G41)/右(G42)补偿
SINUMERIK	G17 G00/G01 G41/G42 X_Y_; G18 G00/G01 G41/G42 X_Z_; G19 G00/G01 G41 /G42Y_Z_;	建立刀具半径左(G41)/右补(G42)偿

系统	指令格式	说　明
FANUC	G17 G00/G01 G40 X_Y_;	
SINUMERIK	G18 G00/G01 G40 X_Z_;	取消刀具半径补偿(G40)
HNC	G19 G00/G01 G40 Y_Z_;	

注:1) X、Y 为建立刀具半径补偿(或取消刀具半径补偿)的目标点坐标。

2) D 为刀具半径补偿号,由后面加数字(1～99)组成,其值在数控系统刀具偏置中设置。如:D1,表示 1 号刀具半径补偿号。如设定 D1 数值为 5,则表示 1 号刀具中心偏离轮廓 5mm。

1. G41、G42 判别方法

在刀具半径补偿平面内,沿着刀具运动方向看,刀具位于工件轮廓左侧,则为左补偿(G41),反之,为刀具右补偿(G42),如图 3-15 所示。

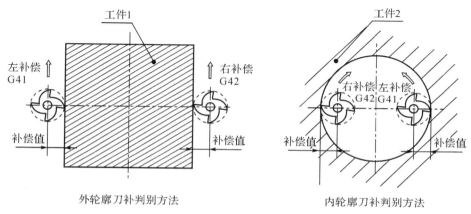

图 3-15　刀补判别方法

2. 刀具半径补偿的建立与取消

(1) 刀具半径补偿的建立

如图 3-16 所示,刀具起始点 O 点到 P_0 点为刀具建立刀具补偿段。刀具中心从起始点 O 开始建立刀具补偿,当刀具中心运动到 P_1 或 P_2 点,建立刀具补偿结束,刀具中心偏离加工轮廓一个补偿值,这时刀具处于偏置状态。刀具的中心轨迹如图 3-16 细实线所示。刀具补偿偏置方向由 G41 或 G42 指令确定。

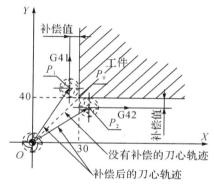

图 3-16　刀补的建立与取消

（2）刀具半径补偿的取消

当完成轮廓加工时，要对所偏置的刀具进行注销，取消刀具半径补偿。与建立刀具半径补偿过程类似，假定退刀点与起刀点相同的话，则刀具中心从 P_1 或 P_2 退刀点开始取消刀具半径补偿，直到刀具中心运动到 O 点刀具半径补偿取消完毕，刀具重新处于无偏置状态，如图 3-16 所示。

3. 指令使用说明

（1）刀具半径补偿指令应指定所在的补偿平面（G17/G18/G19）。如选用补偿平面 G17，刀具半径补偿仅对 X、Y 坐标轴有效，对 Z 坐标轴没有作用。

（2）建立与取消刀具半径补偿只能配合 G00 或 G01 指令使用，建议采用 G01 指令。

（3）在使用刀具半径补偿过程中不可以改变补偿平面（如从 G17 平面改变到 G18 平面）。

（4）G41、G42 为模态指令，直到被 G40 取消才失效。同时 D 代码也为模态指令。

（5）D 代码一般在半径补偿（G41、G42）指令程序段或之前任何位置指定。

（6）刀具建立与取消路径长度必须大于刀具补偿值。

（二）刀具切入与切出进给路线的确定

合理地确定刀具切入与切出进给路线，可以保证刀具切入与切出时的平稳性，提高零件加工精度。

1. 外轮廓切入/切出进给路线

铣削平面零件外轮廓时，一般是采用立铣刀侧刃切削。刀具切入和切出工件时，应避免在切入、切出处产生刀具的刀痕或打刀，所以应避免沿工件外轮廓的法向切入与切出，如图 3-17 所示。刀具应沿轮廓切向方向切入与切出，保证工件轮廓的平滑过渡。如图 3-18（a）所示为刀具沿工件轮廓延长线切入、切出进给路线；如图 3-18（b）所示为圆弧切入、切出进给路线，图中 R 为切入切出圆弧半径，为便于计算，切入切出圆弧最好为 1/4 圆弧；如图 3-18（c）所示为切线切入、切出进给路线。但应注意延长线切入时给出的延长线必须大于刀具半径补偿值，圆弧切入、切出时切入切出圆弧半径必须大于刀具补偿值。

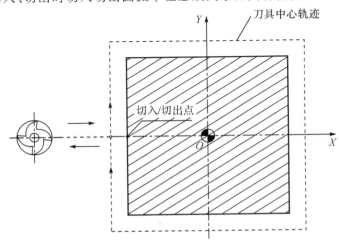

图 3-17 法向进刀

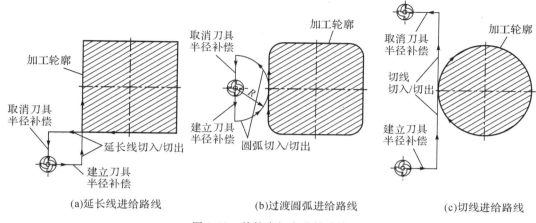

(a)延长线进给路线　　　　(b)过渡圆弧进给路线　　　　(c)切线进给路线

图 3-18　外轮廓切向进给路线

2. 内轮廓切入/切出进给路线

铣削封闭的内轮廓表面时,同铣削外轮廓一样,刀具同样不能沿轮廓曲线法线方向进行切入和切出。图 3-19 所示为过渡圆弧切入和切出工件内轮廓的进给路线。图中 $R2$ 为圆弧工件轮廓半径,$R1$ 为切入切出圆弧半径,D 为刀具补偿值。但应注意在切入切出过程中 $D<R1<R2$。

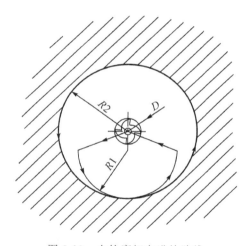

图 3-19　内轮廓切向进给路线

三、工艺分析

（一）加工工艺分析

1. 结构分析

该零件主要完成 70mm×70mm 正方形凸台的加工,加工深度为 5mm。

2. 精度分析

由图 3-13 可知,加工尺寸精度都为自由公差,加工时尺寸精度控制在 IT14 级,只需粗、精加工就可以达到加工要求;加工表面上表面粗糙度为 $R_a 3.2\mu m$,需要对工件上表面进行精铣加工。

3. 加工刀具分析

根据零件加工结构和精度分析，可选用 $\phi 10mm$ 高速钢立铣刀进行正方形凸台的加工，就可以达到其加工要求。

4. 零件装夹方式分析

根据零件加工要求，使用机用精密平口钳直接装夹零件的方式。

（二）加工工艺文件

1. 数控编程任务书

数控编程任务书如表 3-27 所示。

表 3-27　数控编程任务书

×××××× 工艺处	数控编程任务书	产品零件图号	/	任务书编号	
		零件名称	正方形凸台	/	
		使用设备	加工中心	共1页　第1页	

主要工艺说明及技术要求：

①正方形凸台精度达到图样要求。详见产品工艺卡。

②技术要求详见零件图。

| 收到编程时间 | | | 月　　日 | | 经手人 | | |
| 编制 | | 审核 | | 编程 | | 审核 | | 审批 | |

2. 零件安装方式

数控加工工件安装和工件坐标系设定卡参照表 3-11 所列。

3. 数控铣削加工工序

数控铣削加工一次性完成切削加工，其数控加工工序参照表 3-12 所列。

4. 数控铣削加工刀具

使用 $\phi 50mm$ 面铣刀和 $\phi 10mm$ 立铣刀完成正方形凸台的加工。其数控刀具明细表及数控刀具卡参照表 3-13 所列。

5. 刀具运行轨迹

编程尺寸相对简单，由图 3-14 所示就可以直接得到。机床刀具运行轨迹如表 3-28 所示。

表 3-28 机床刀具运行轨迹

××××× 机械厂	机床刀具运行轨迹图	零件名称	零件图号	使用设备
		正方形凸台	/	加工中心
		刀位号	程序编号	共1页 第1页
		/	/	

加工正方形凸台		刀具:立铣刀
1	(−50,−50)	
2	(−35,−50)	
3	(−35,35)	
4	(35,−35)	
5	(35,−35)	
6	(−50,−35)	

注:面铣刀运行轨迹、程序与任务一直线槽上表面加工相同。

编程员		审核		日期	

6. 程序编制

FANUC、SINUMERIK 和 HNC 系统"正方形凸台"零件加工程序卡如表 3-29 所示。

表 3-29 FANUC、SINUMERIK 和 HNC 系统正方形凸台零件加工程序卡

零件名称	正方形凸台	数控加工程序单	刀位号	使用设备	共1页
零件图号	/		/	加工中心	第1页
程序段号	程 序		程序说明		
	O0003 (ZFX03);		FANUC、SINUMERIK 程序名、HNC 文件名,手动换立铣刀		
N100	%0003(FANUC、SINUMERIK 略)		HNC 程序名		
N110	G90 G54 G40 G00 Z100		设置工件坐标系,绝对编程,Z 轴快速定位到工件表面 100mm 处,设置初始状态指令		
N120	X0 Y0		X、Y 轴快速定位到工件原点位置		
N130	M03 S1000		主轴正转,转速 1000r/min		
N140	M08		冷却液开		

N150	X－50 Y－50	→①快速到达定位点
N160	Z5	刀具快速定位到安全平面
N170	G01 Z－5 F50	以 50mm/min 的切削速度到切削深度
N180	G41 X－35 D01 F100	→②切削进给,建立刀具半径左补偿,半径补偿号为 D01(或 D1),粗加工时设置 D01 刀具半径补偿值为 5.5 mm,精加工为 5.0 mm,以 100mm/min 切削速度加工
N190	Y35	→③切削进给
N200	X35	→④切削进给
N210	Y－35	→⑤切削进给
N220	X－50	→⑥切削进给
N230	G40 Y－50	→①切削进给,取消刀具半径左补偿
N240	G00 Z100	快速返回到初始高度
N250	X0 Y0	快速定位到工件坐标原点
N260	M09	冷却液关
N270	M05	主轴停
N280	M30	程序结束,复位

注:FANUC 系统需要在程序首程序段设置初始状态指令。例如,G40(刀具半径补偿取消)、G49(长度补偿取消)、G80(固定循环取消)、G69(工件坐标系旋转取消)等指令,若不指定,系统可能还续效先前使用的指令。

四、技能实训

1. 实训准备

根据工艺方案设计要求以及项目任务要求,给出正方形凸台零件加工工具、量具、刀具等准备清单,参照表 3-16 所列。

2. 加工准备、程序输入、模拟加工、自动加工、结束准备参照任务一直线槽的操作步骤。

五、质量评价

根据各自实训结果,按照项目评分表对加工零件进行质量评价。评分表如表 3-30 所示。

表 3-30　正方形凸台评分表

工件编号(姓名)				总得分		
课题名称			正方形凸台	加工设备	加工中心	
项目与配分		序号	技术要求	配分	评分标准	检测结果	得分
工件加工质量 (60分)	正方形轮廓	1	70×70	40	不符一处扣5分		
		2	5	10	不符不得分		
		3	$R_a 3.2$	10	升高一级全扣		
程序与工艺 (15分)		4	程序正确、合理等	5	出错一次扣1分		
		5	切削用量选择合理	5	出错一次扣1分		
		6	加工工艺制定合理	5	出错一次扣1分		
机床操作 (15分)		7	机床操作规范	7	出错一次扣1分		
		8	刀具、工件装夹	8	出错一次扣1分		
工件完整度 (10分)		9	工件无缺陷	10	缺陷一处扣2分		
安全文明生产 (倒扣分)		10	安全操作机床	倒扣	出事故停止操作或酌情扣5~10分		
		11	工量具摆放	倒扣	不符规范酌情扣5~10分		

六、常见问题解析

(1) 设置工件坐标系偏置时,应与编程工件坐标系一致。

(2) 对于刀具首次下刀,应修调快速倍率和进给倍率为较小值,防止对刀有误而发生"打刀"现象。当程序运行正常时,重新调整倍率为正常值。

(3) 加工前检查刀具偏置值设定是否正确。

(4) 加工时,关好机床防护门。

七、巩固训练

(1) 完成如图 3-20 所示方台零件的加工。零件材料为 LY12,毛坯尺寸为 80mm×80mm×12mm,方台零件评分表如表 3-31 所示。

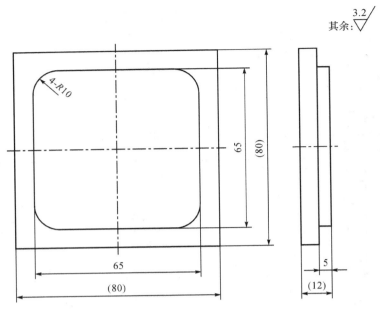

其余：$\sqrt{\dfrac{3.2}{}}$

图 3-20　方台零件

表 3-31　方台零件评分表

工件编号（姓名）					总得分			
课题名称			方台零件		加工设备		加工中心	
项目与配分		序号	技术要求	配分	评分标准		检测结果	得分
工件加工质量（60 分）	方台	1	70×70	30	不符一处扣 5 分			
		2	5	15	不符不得分			
		3	R10	10	不符不得分			
		4	R_a3.2	5	升高一级全扣			
程序与工艺（15 分）		5	程序正确、合理等	5	出错一次扣 1 分			
		6	切削用量选择合理	5	出错一次扣 1 分			
		7	加工工艺制定合理	5	出错一次扣 1 分			
机床操作（15 分）		8	机床操作规范	7	出错一次扣 1 分			
		9	刀具、工件装夹	8	出错一次扣 1 分			
工件完整度（10 分）		10	工件无缺陷	10	缺陷一处扣 2 分			
安全文明生产（倒扣分）		11	安全操作机床	倒扣	出事故停止操作或酌情扣 5～10 分			
		12	工量具摆放	倒扣	不符规范酌情扣 5～10 分			
		13	机床整理	倒扣				

(2)完成如图 3-21 所示圆台零件的加工。零件材料为 LY12,毛坯尺寸为 80mm×80mm×12mm,圆台零件评分表如表 3-32 所示。

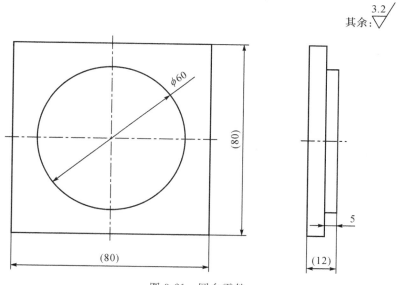

图 3-21　圆台零件

表 3-32　圆台评分表

工件编号(姓名)				总得分			
课题名称		圆台零件		加工设备		加工中心	
项目与配分		序号	技术要求	配分	评分标准	检测结果	得分
工件加工质量 (60分)	圆台	1	$\phi 60$	30	不符一处扣 5 分		
		2	5	15	不符不得分		
		3	$R_a 3.2$	5	升高一级全扣		
程序与工艺 (15分)		4	程序正确、合理等	5	出错一次扣 1 分		
		5	切削用量选择合理	5	出错一次扣 1 分		
		6	加工工艺制定合理	5	出错一次扣 1 分		
机床操作 (15分)		7	机床操作规范	7	出错一次扣 1 分		
		8	刀具、工件装夹	8	出错一次扣 1 分		
工件完整度 (10分)		9	工件无缺陷	10	缺陷一处扣 2 分		
安全文明生产 (倒扣分)		10	安全操作机床	倒扣	出事故停止操作 或酌情扣 5~10 分		
		11	工量具摆放	倒扣	不符规范酌情 扣 5~10 分		
		12	机床整理	倒扣			

思考与练习

1. 刀具半径补偿指令 G41、G42 是如何规定的？其有何作用？应注意哪些事项？
2. 如何确定刀具切入、切出进给路线？

任务四 内轮廓加工

一、任务布置

完成如图 3-22 所示"工字"形内轮廓零件的加工。零件材料为 LY12，毛坯尺寸为 80mm×80mm×12mm（长×宽×高）。

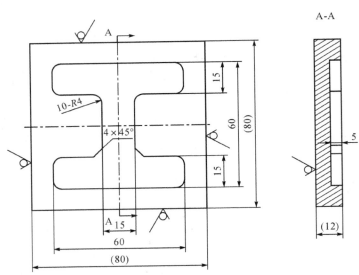

图 3-22 "工字"形零件

【知识目标】

（1）掌握简单内轮廓的编程方法。
（2）熟练掌握刀具半径补偿（G41、G42、G40）指令的功能。
（3）掌握圆弧过渡、直线过渡指令及编程。

【技能目标】

（1）会进行数控铣削的基本操作。
（2）会合理选择加工刀具及调整加工时的切削参数。

（3）会合理选择刀具切入与切出进给路线。

（4）会进行刀具半径补偿偏置的设置。

（5）能利用刀具半径补偿功能完成零件的粗、精加工。

二、知识链接

（一）倒角、倒圆指令

1. 直线后倒角、倒圆

指令格式：见表3-33。

表 3-33　FANUC、SINUMERIK 和 HNC 系统直线后倒角、倒圆指令格式

数控系统		指令格式	图例说明
倒角	FANUC	G17 G01 X_Y_,C_F_； 例：直线与直线间倒角，如图例所示。 G01 X40 Y0,C20 F100； X40 Y40；	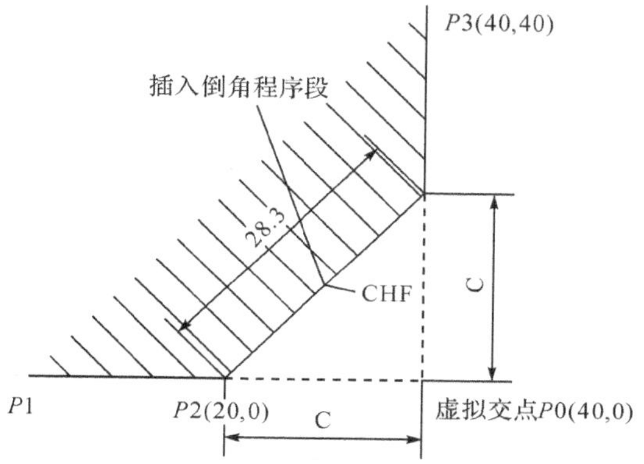
	SINUMERIK	G17G01X_Y_CHF=_F_； 例：直线与直线间倒角，如图例所示。 G01 X40 Y0 CHF=28.3 F100； X40 Y40；	
	HNC	G17G01X_Y_C_F_； 例：直线与直线间倒角，如图例所示。 G01 X40 Y0 C20 F100； X40 Y40；	说明：1）加工轨迹由 P1→P3。 2）C 表示从虚拟拐点到拐角起点和终点的距离。 3）CHF 表示倒角部分长度（拐角起点到终点的距离），倒角的方向与两轮廓角平分线垂直。
倒圆	FANUC	G17G01X_Y_,R_F_； 例：直线与直线间倒圆，如图例所示。 G01 X40 Y0,R20 F100； X40 Y40；	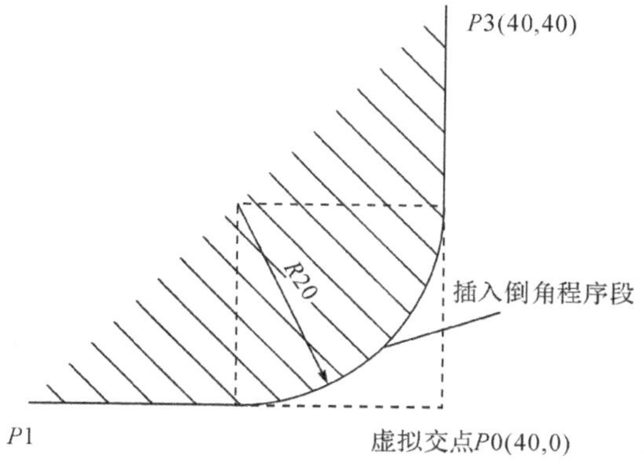
	SINUMERIK	G17G01X_Y_RND=_F_； 例：直线与直线间倒圆，如图例所示。 G01 X40 Y0 RND=20 F100； X40 Y40；	
	HNC	G17G01X_Y_R_F_； 例：直线与直线间倒圆，如图例所示。 G01 X40 Y0 R20 F100； X40 Y40；	说明：1）加工轨迹由 P1→P3。 2）R、RND 表示倒圆部分圆弧半径，该圆弧与两轮廓相切。

2. 圆弧后倒角、倒圆指令格式

指令格式：见表 3-34。

表 3-34　FANUC、SINUMERIK 和 HNC 系统圆弧后倒角、倒圆指令格式

数控系统		指令格式	图例说明
倒角	FANUC	G17G02/G03X_Y_R_，C_F_； 例：直线与直线间倒角，如图例所示。 G03 X20 Y0 R20，C5 F100； G01 X50 Y0；	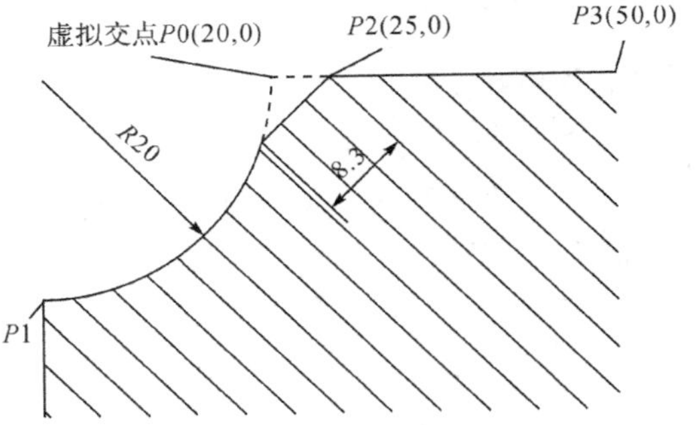 虚拟交点 $P0(20,0)$　$P2(25,0)$　$P3(50,0)$ R20　8.3　$P1$ 说明：1) 加工轨迹由 $P1 \rightarrow P3$。 2) C 表示从虚拟拐点到拐角起点和终点的距离。 3) CHF 表示倒角部分长度（拐角起点到终点的距离），倒角的方向与两轮廓角平分线垂直。
	SINUMERIK	G17G02/G03X_Y_CR＝_CHF＝_F_； 例：直线与直线间倒角，如图例所示。 G03 X20 Y0 CR＝20 CHF＝8.3 F100； G01 X50 Y0；	
	HNC	G17G02/G03X_Y_R_RL＝_F_； 例：直线与直线间倒角，如图例所示。 G03 X20 Y0 R20 RL＝5 F100； G01 X50 Y0；	
倒圆	FANUC	G17G02/G03X_Y_R_，R_F_； 例：直线与直线间倒圆，如图例所示。 G03 X20 Y0 R20，R10 F100； G01 X50 Y0；	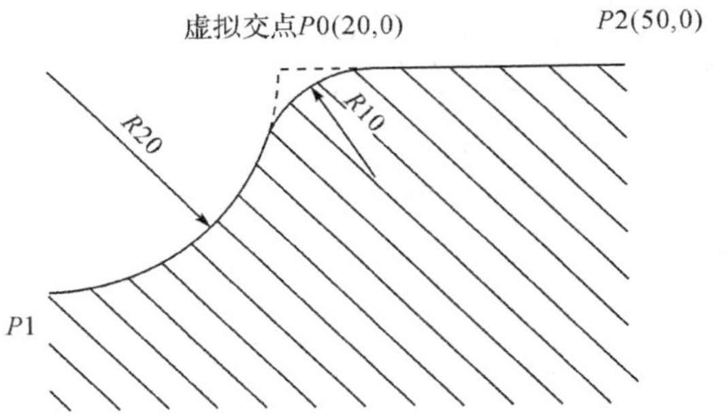 虚拟交点 $P0(20,0)$　　　$P2(50,0)$ R20　R10　$P1$ 说明：1) 加工轨迹由 $P1 \rightarrow P3$。 2) R、RND 表示倒圆部分圆弧半径，该圆弧与两轮廓相切。
	SINUMERIK	G17G02/G03X_Y_R_RND＝_F_； 例：直线与直线间倒圆，如图例所示。 G03 X20 Y0 R20 RND＝10 F100； G01 X50 Y0；	
	HNC	G17G02/G03X_Y_R_RC＝_F_； 例：直线与直线间倒圆，如图例所示。 G03 X20 Y0 R20 RC＝10 F100； G01 X50 Y0；	

3. 指令使用说明

（1）指令格式中 X、Y 坐标是指两轮廓（直线与直线、圆弧与圆弧、直线与圆弧）的虚拟拐点 P0 点的坐标值。

（2）只能在同一平面内执行的移动指令才能插入倒角或倒圆，在平面切换之后（G17 G18 或 G19）被指定的程序段中不能指定倒角或倒圆过渡。

（3）如果连续编程的程序段超过 3 段没有运动指令，不执行倒角或倒圆。

（4）不能进行任意角度倒角和倒圆过渡。

三、工艺分析

(一)加工工艺分析

1. 结构分析

该零件主要完成"工"字形凹槽的加工,加工深度为 5mm。

2. 精度分析

由图 3-23 可知,加工尺寸精度都为自由公差,加工时尺寸精度控制在 IT14 级,只需粗、精加工就可以达到加工要求;加工表面上表面粗糙度为 $R_a 3.2\mu m$,其余都为 $R_a 6.3\mu m$,需要对工件上表面进行精铣加工。

3. 加工刀具分析

根据零件加工结构和精度分析,选用 $\phi 8mm$ 高速钢立铣刀进行"工"字形凹槽加工,就可以达到其加工要求。

4. 零件装夹方式分析

根据零件加工要求,使用机用精密平口钳直接装夹零件的方式。

(二)加工工艺文件

1. 数控编程任务书

数控编程任务书如表 3-35 所示。

表 3-35　数控编程任务书

×××××× 工艺处	数控编程任务书	产品零件图号	/	任务书编号	
		零件名称	"工"字形零件	/	
		使用设备	加工中心	共 1 页　第 1 页	

主要工艺说明及技术要求:

1. "工"字形内轮廓尺寸精度达到图样要求。详见产品工艺卡。

2. 技术要求详见零件图。

收到编程时间			月　　日		经手人		
编制		审核		编程		审核		审批	

2. 零件安装方式

数控加工工件安装及工件坐标系设定卡如表 3-11 所示。

3. 数控铣削加工工序

数控铣削加工一次性完成切削加工,其数控加工工序如表 3-36 所示。

表 3-36　数控加工工序卡

×××××机械厂	数控加工工序卡		产品名称	零件名称	零件图号
			/	"工"字形零件	/
工序号	夹具名称	夹具编号	车间	使用设备	加工材料
＊＊＊＊＊＊＊	精密平口钳	＊＊＊＊＊＊＊	数控车间	加工中心	LY12
工步号	工步内容	程序编号	刀位号	刀具规格	主轴转速 S(r/min)	进给速度 F(mm/min)	切削速度 a_p(mm)	备注
1	铣零件上表面	O0001		$\phi50$	800	100	1	
2	铣直线槽	O0002		$\phi8$	1000	100	5	
编制		审核		审批			共1页　第1页	

4. 数控铣削加工刀具

使用 $\phi50$mm 面铣刀和 $\phi8$mm 立铣刀完成"工"字形零件的加工。数控刀具明细表及数控刀具卡如表 3-37 所示。

表 3-37　数控刀具明细表及数控刀具卡

零件名称	零件图号	加工材料	数控刀具明细表	车间	使用设备
/	/	LY12		数控车间	加工中心
序号	刀位号	刀具名称	刀具			刀补地址		换刀方式	加工部位
			规格	半径	长度	半径	长度	自动/手动	
1	/	面铣刀	$\phi50$	/	/	/	/	手动	工件表面
2	/	立铣刀	$\phi8$	/	/	/	/	手动	"工字"形型腔

(a)$\phi50$面铣刀

(b)$\phi10$立铣刀

编制		审核		批准			年　月　日	共1页　第1页

5. 刀具运行轨迹

几何轮廓比较简单,编程节点由图 3-22 就可以直接得到。机床刀具运行轨迹如表 3-38 所示。

表 3-38　机床刀具运行轨迹

××××× 机械厂	机床刀具运行轨迹图	零件名称	零件图号	使用设备
		"工"字形零件	＊＊＊＊＊＊＊	加工中心
		刀位号	程序编号	共1页　第1页
		/	/	

加工"工"字形零件		
1	(0,22)	
2	(8,22)	(1) 刀具:立铣刀
3	(0,30)	
4	(−30,30)	
5	(−30,15)	
6	(−7.5,15)	
7	(−7.5,−15)	
8	(−30,−15)	
9	(−30,−30)	
10	(30,−30)	
11	(30,−15)	
12	(7.5,−15)	
13	(7.5,15)	
14	(30,15)	
15	(30,30)	
16	(−8,22)	

注:面铣刀运行轨迹、程序与任务一直线槽上表面加工相同。

编程员		审核		日期	

6. 程序编制

FANUC、SINUMERIK 和 HNC 系统"工"字形零件加工程序卡如表 3-39 所示。

表 3-39 FANUC、SINUMERIK 和 HNC 系统"工"字形零件加工程序卡

零件名称	"工"字形零件	数控加工程序单	刀位号	使用设备	共 1 页
零件图号	/		/	加工中心	第 1 页

程序段号	FANUC	SINUMERIK	HNC	程序说明
N100	O0001	GZX1	O0001	程序名或文件名,手动换立铣刀
N110		%0001		
N120	G90 G54 G40 G00 Z100	G90 G54 G40 G00 Z100	G90 G54 G40 G00 Z100	设置加工前准备参数
N130	X0 Y0	X0 Y0	X0 Y0	
N140	S1000 M03	S1000 M03	S1000 M03	
N150	M08	M08	M08	
N160	X0 Y22	X0 Y22	X0 Y22	从原点快速定位到 1 点
N170	Z5	Z5	Z5	刀具快速定位到安全高度
N180	G01 Z−5 F50	G01 Z−5 F50	G01 Z−5 F50	以 50mm/min 切削速度直线插补到加工深度
N190	G41 X8 D01F100	G41 X8 D01F100	G41 X8 D01F100	以 100mm/min 切削速度直线插补到 2 点建立刀具半径左补偿,半径补偿号为 D01(或 D1),粗加工时设置 D01 刀具半径补偿值为 4.5 mm,精加工为 4.0 mm
N200	G03 X0 Y30 R8	G03 X0 Y30 R8	G03 X0 Y30 R8	圆弧切入到 3 点,切入圆弧半径为 8mm
N210	G01 X−30	G01 X−30	G01 X−30	直线插补到 4 点
N220	Y15	Y15	Y15	直线插补到 5 点
N230	X−7.5,R4	X−7.5 RND=4	X−7.5 R4	直线插补到 6 点并进行倒圆角
N240	Y−15,C4	Y−15 CHF=5.7	Y−15 C4	直线插补到 7 点并进行倒角
N250	X−30	X−30	X−30	直线插补到 8 点
N260	Y−30	Y−30	Y−30	直线插补到 9 点
N270	X30	X30	X30	直线插补到 10 点
N280	Y−15	Y−15	Y−15	直线插补到 11 点
N290	X7.5,C4	X7.5 CHF=5.7	X7.5 C4	直线插补到 12 点
N300	Y15,R4	Y15 RND=4	Y15 R4	直线插补到 13 点
N310	X30	X30	X30	直线插补到 14 点

N320	Y30	Y30	Y30	直线插补到 15 点
N330	X0	X0	X0	直线插补到 3 点
N340	G03 X－8 Y22 R8	G03 X－8 Y22 R8	G03 X－8 Y22 R8	圆弧切出到 16 点,切出圆弧半径为 8mm
N350	G40 G01 X0	G40 G01 X0	G40 G01 X0	直线插补取消刀补到 1 点
N360	G00 Z100	G00 Z100	G00 Z100	快速抬高到初始位置
N370	X0 Y0	X0 Y0	X0 Y0	快速定位到工件坐标原点
N380	M09	M09	M09	冷却液关
N390	M05	M05	M05	主轴停
N400	M30	M30	M30	程序结束,复位

四、技能实训

1. 实训准备

根据工艺方案设计要求以及项目任务要求,给出"工"字形轮廓零件加工工具、量具、刃具等准备清单,参照表 3-40 所列。

表 3-40　"工"字形轮廓零件加工工具、量具、刃具准备清单

课题名称		"工"字形轮廓零件			
序号	分类	名称	规格	单位	数量
1	机床	加工中心	MV80	台	1
2	毛坯	LY12	80mm×80 mm×12 mm (长×宽×高)	块	1
3	夹具	精密平口钳	150mm×50mm	台	1
4	刀具	面铣刀(或盘铣刀)	φ50mm	把	1
5		立铣刀	φ8mm	把	1
6	工具系统	强力刀柄	与立铣刀刀具匹配	套	1
7		面铣刀刀柄	与面铣刀匹配	套	1
8	量具	游标卡尺	0～150 mm	把	1
9	其他	常用辅助工具		若干	

2. 加工准备、程序输入、模拟加工、自动加工、结束准备参照任务一直线槽的操作步骤。

五、质量评价

根据各自实训结果,按照项目评分表对加工零件进行质量评价。评分表如表 3-41 所示。

表 3-41 "工"字形轮廓零件评分表

工件编号（姓名）				总得分			
课题名称		"工"字形轮廓零件		加工设备		加工中心	
项目与配分		序号	技术要求	配分	评分标准	检测结果	得分
工件加工质量（60分）	"工"字形凹槽	1	60(3 处)	18	不符一处扣 6 分		
		2	15(3 处)	18	不符一处扣 6 分		
		3	R4	6	不符不得分		
		4	4×450	3	不符不得分		
		5	5	10	不符不得分		
		6	$R_a3.2$	5	升高一级全扣		
程序与工艺（15分）		7	程序正确、合理等	5	出错一次扣 1 分		
		8	切削用量选择合理	5	出错一次扣 1 分		
		9	加工工艺制定合理	5	出错一次扣 1 分		
机床操作（15分）		10	机床操作规范	7	出错一次扣 1 分		
		11	刀具、工件装夹	8	出错一次扣 1 分		
工件完整度（10分）		12	工件无缺陷	10	缺陷一处扣 2 分		
安全文明生产（倒扣分）		13	安全操作机床	倒扣	出事故停止操作或酌情扣 5～10 分		
		14	工量具摆放	倒扣	不符规范酌情扣 5～10 分		
		15	机床整理	倒扣			

六、常见问题解析

（1）安装刀具、工件的夹紧力大小应适当。过大工件易变形，过小刀具易发生"拉刀"现象或工件飞出夹具伤人。

（2）对刀时，注意进给速度倍率的调节。快接近工件表面时，应修调较小的进给倍率。

（3）设置工件坐标系偏置时，应与编程工件坐标系一致。

（4）对于刀具首次下刀，应修调快速倍率和进给倍率为较小值，防止对刀有误而发生"打刀"现象。当程序运行正常时，重新调整倍率为正常值。

（5）加工时，关好机床防护门。

七、巩固训练

完成如图 3-23 所示内轮廓零件的加工。零件材料为 LY12，毛坯尺寸为 80mm×80mm×12mm，内轮廓零件评分表如表 3-42 所示。

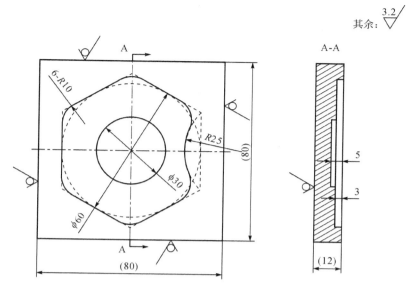

图 3-23　内轮廓零件图

表 3-42　内轮廓零件评分表

工件编号(姓名)				总得分		
课题名称		内轮廓零件		加工设备		加工中心
项目与配分		序号	技术要求	配分	评分标准	检测结果	得分
工件加工质量(60分)	内轮廓	1	$\phi60$	15	不符不得分		
		2	$\phi30$	15	不符不得分		
		3	$R10$	6	不符一处扣1分		
		4	$R25$	3	不符不得分		
		5	5	8	不符不得分		
		6	3	8	不符不得分		
		7	$R_a3.2$	5	升高一级全扣		
程序与工艺(15分)		8	程序正确、合理等	5	出错一次扣1分		
		9	切削用量选择合理	5	出错一次扣1分		
		10	加工工艺制定合理	5	出错一次扣1分		
机床操作(15分)		11	机床操作规范	7	出错一次扣1分		
		12	刀具、工件装夹	8	出错一次扣1分		
工件完整度(10分)		13	工件无缺陷	10	缺陷一处扣2分		
安全文明生产(倒扣分)		14	安全操作机床	倒扣	出事故停止操作或酌情扣5～10分		
		15	工量具摆放	倒扣	不符规范酌情扣5～10分		
		16	机床整理	倒扣			

思考与练习

1. 各系统倒角、倒圆指令格式有何区别？其有何作用？
2. 简述图 3-23 所示零件数控加工工艺及编写零件加工程序。

任务五　子程序应用

一、任务布置

完成如图 3-24 所示子程序应用内槽零件的加工。零件材料为 LY12，毛坯尺寸为 80mm ×80mm×12mm（长×宽×高）。

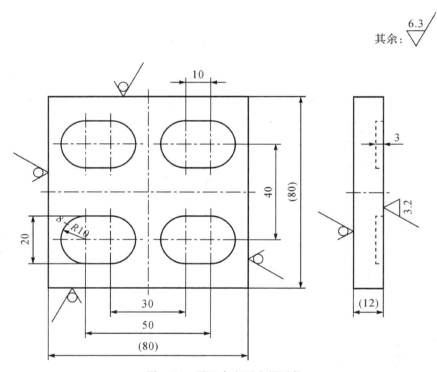

图 3-24　子程序应用内槽零件

【知识目标】

熟练掌握各系统子程序指令及其应用。

【技能目标】

(1) 能简单分析加工工艺。

（2）会灵活使用子程序简化程序的编制。

（3）能利用刀具半径补偿功能完成工件的粗、精加工。

二、知识链接

为了简化程序,把重复的程序段按一定格式编成一个独立的程序,称为子程序。主程序通过子程序调用指令执行子程序,子程序执行完后用结束子程序指令返回主程序,继续执行后面的程序段。子程序还可以调用另一个子程序,FANUC 系统嵌套深度为 4 级(如图 3-25 所示),而 SINUMERIK 和 HNC 系统可以嵌套 8 级。

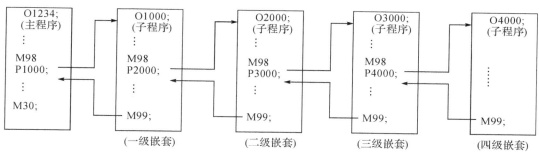

图 3-25　子程序嵌套

1. 子程序的调用

指令格式:见表 3-43。

表 3-43　FANUC、SINUMERIK 和 HNC 系统子程序调用格式

数控系统	指令格式	举例
FANUC	M98 P $\underline{\times\times\times\times\times\times\times}$; 其中,P 后四位数字表示子程序名,前三位数字表示子程序被重复调用次数(最多可调用 999 次,如果省略,则调用 1 次)。	例:… M98 P30100;重复调用"O100"子程序 3 次 … M98 P200;调用"O200"子程序 1 次 …
SINUMERIK	直接用程序名调用子程序;当要求重复调用子程序时,则在所调用子程序后地址 P 下写入调用次数(最多可调用 9999 次)。子程序要求为独立程序段。 　其中,子程序名开始两位必须为字母,其后为字母、数字或下划线,最多不超过 16 个字符,中间不允许有分隔符并用后缀". SPF"与主程序(后缀". MPF")相区分,如,"AA3. SPF"。另外,还可以用子程序地址字 L,后跟七位整数表示子程序,如,"L100"。	例:… AA3 P3;重复调用"AA3. SPF"子程序 3 次 … L100 P2;调用"L100. SPF"子程序 2 次 … L200;调用"L200. SPF"子程序 1 次 …

续表

数控系统	指令格式	举例
HNC	M98 P_L_; 其中，P 表示为子程序名；L 表示为子程序被重复调用次数（最多可调用 32767 次，如果省略，则调用 1 次）。	例：… M98 P100 L3；重复调用"O100"子程序 3 次 … M98 P200；调用"O100"子程序 1 次 …

注：(1) 数控程序有主程序和子程序之分，发那科系统主程序与子程序命名规则相同；

(2) 西门子系统主程序名后缀.MPF，子程序名用后缀.SPF 来区分；

(3) 华中系统子程序名命名规则与主程序相同，子程序直接跟在主程序结束指令后编写，程序名不能和主程序名或其他子程序名相同。

2. 子程序结束指令

FANUC 和 HNC 系统用 M99 指令结束子程序并返回；SINUMERIK 系统用 M2 或 RET 指令结束子程序并返回。

三、工艺分析

（一）加工工艺分析

1. 结构分析

从零件几何轮廓分析，主要完成两排均布槽的铣削加工。由于每个槽形状一致，位置不同，可利用子程序来简化编程。

2. 精度分析

由图 3-24 可知，四个槽加工尺寸都为自由公差，加工时尺寸精度按 IT14 级。

3. 加工刀具分析

根据零件材料及加工结构和精度分析，选用 ϕ10mm 高速钢立铣刀进行零件内槽的粗精加工，就可以达到其加工要求。

4. 零件装夹方式分析

根据材料规格及零件加工要求，使用机用精密平口钳直接装夹零件的方式，该装夹方式简单可靠。

（二）加工工艺文件

1. 数控编程任务书

数控编程任务书如表 3-44 所示。

表 3-44　数控编程任务书

×××××× 工艺处	数控编程任务书	产品零件图号	/	任务书编号	
		零件名称	内槽	/	
		使用设备	加工中心	共 1 页　第 1 页	

主要工艺说明及技术要求:

1. 四个槽的形状尺寸精度达到图样要求。

2. 四个槽的位置尺寸精度达到图样要求,详见产品工艺卡。

3. 技术要求详见零件图。

收到编程时间		月	日	经手人			
编制		审核		编程		审核		审批	

2. 零件安装方式

数控加工工件安装和工件坐标系设定卡参照表 3-11 所列。

3. 数控铣削加工工序

数控铣削加工一次性完成切削加工,其数控加工工序参照表 3-12 所列。

4. 数控铣削加工刀具

使用 ϕ50mm 面铣刀和 ϕ10mm 立铣刀完成内槽的加工。其数控刀具明细表及数控刀具卡参照表 3-13 所列。

5. 刀具运行轨迹

编程尺寸相对简单,由图 3-24 所示就可以直接得到。机床刀具运行轨迹如表 3-45 所示。

表 3-45　机床刀具运行轨迹

×××××× 机械厂	机床刀具运行轨迹图	零件名称	零件图号	使用设备
		内槽	/	加工中心
		刀位号	程序编号	共 1 页　第 1 页
		/	/	

注:面铣刀运行轨迹、程序与任务一直线槽上表面加工相同。

加工内槽

1	(−8,−2)
2	(0,−10)
3	(5,−10)
4	(5,10)
5	(−5,10)
6	(−5,−10)
7	(8,−2)

编程员		审核		日期	

6. 程序编制

FANUC、SINUMERIK 和 HNC 系统子程序应用内槽零件加工程序卡如表 3-46 所示。

表 3-46　FANUC、SINUMERIK 和 HNC 系统子程序应用内槽零件加工程序卡

零件名称	内槽	数控加工程序单		刀位号	使用设备	共 1 页
零件图号	/			/	加工中心	第 1 页

程序段号	FANUC	SINUMERIK	HNC	程序说明
N100	O0001	GZX1	O0001	程序名或文件名,手动换立铣刀
N110			%0001	
N120	G90 G54 G40 G00 Z100	G90 G54 G40 G00 Z100	G90 G54 G40 G00 Z100	设置加工前准备参数
N130	X0 Y0	X0 Y0	X0 Y0	
N140	S1000 M03	S1000 M03	S1000 M03	
N150	M08	M08	M08	
N160	Z5	Z5	Z5	刀具快速定位到安全高度
N170	M98 P20002	L200 P2	M98 P0002 L2	重复调用 4 次,完成①至④槽加工⑧
N180	G90 X0 Y40	G90 X0 Y40	G90 X0 Y40	定位到⑤槽加工位置
N190	M98 P20002	L200 P2	M98 P0002 L2	重复调用 4 次,完成⑤至⑧槽加工
N200	G90 Z100	G90 Z100	G90 Z100	抬刀
N210	X0 Y0	X0 Y0	X0 Y0	回到原点
N220	Y200	Y200	Y200	工作台外移,方便检测、装卸
N230	M5	M5	M5	主轴停
N240	M9	M9	M9	冷却关
N250	M30	M30	M30	程序结束
N260	O0002	L200	O0002	子程序名称
N270	G91 X0 Y0	G91 X6 Y0	G91 X0 Y0	相对坐标定位到 1 点
N280	G1 Z−8 F60	G1 Z−8 F60	G1 Z−8 F60	下至切削深度
N290	G41 X−8 Y−2 D1 F100	G41 X−8 Y−2 D1 F100	G41 X−8 Y−2 D1 F100	建立刀补
N300	G3 X8 Y−8 R8	G3 X8 Y−8 CR=8	G3 X8 Y−8 R8	圆弧切入

N310	G1 X5	G1 X5	G1 X5	
N320	G3 X0 Y20 R10	G3 X0 Y20 CR=10	G3 X0 Y20 R10	轮廓加工
N330	G1 X−10	G1 X−10	G1 X−10	
N340	G3 X0 Y−20 R10	G3 X0 Y−20 CR=10	G3 X0 Y−20 R10	
N350	G1 X5	G1 X5	G1 X5	
N360	G3 X8 Y8 R8	G3 X8 Y8 CR=8	G3 X8 Y8 R8	圆弧切出
N370	G1 G40 X−8 Y2	G1 G40 X−8 Y2	G1 G40 X−8 Y2	取消刀补回到原点
N380	G0 Z8	G0 Z8	G0 Z8	抬刀
N390	X40	X40	X40	相对上点 X 正向偏移 20mm
N400	M99	M2	M99	子程序结束

四、技能实训

1. 实训准备

根据工艺方案设计要求以及项目任务要求,给出子程序应用内槽零件加工工具、量具、刀具等准备清单,参照表 3-16 所列。

2. 加工准备、程序输入、模拟加工、自动加工、结束准备参照任务一直线槽的操作步骤。

五、质量评价

根据各自实训结果,按照项目评分表对加工零件进行质量评价。评分表如表 3-47 所示。

表 3-47　子程序应用内槽零件评分表

工件编号(姓名)			总得分				
课题名称		子程序应用内槽		加工设备		加工中心	
项目与配分		序号	技术要求	配分	评分标准	检测结果	得分
工件加工质量(60分)	槽	1	30	6	超差全扣		
		2	20(5 处)	4×6=24	超差全扣		
		3	40	6	超差全扣		
		4	50	6	超差全扣		
		5	R10(8 处)	8×1=8	超差全扣		
		6	3	5	超差全扣		
	其他	7	表面粗糙度	5	不符一处扣 2 分		

程序与工艺 （15分）	8	程序正确、合理等	5	出错一次扣1分	
	9	切削用量选择合理	5	出错一次扣1分	
	10	加工工艺制定合理	5	出错一次扣1分	
机床操作 （15分）	11	机床操作规范	7	出错一次扣1分	
	12	刀具、工件装夹	8	出错一次扣1分	
工件完整度 （10分）	13	工件无缺陷	10	缺陷一处扣2分	
安全文明生产 （倒扣分）	14	安全操作机床	倒扣	出事故停止操作 或酌情扣5～10分	
	15	工量具摆放	倒扣	不符规范酌情 扣5～10分	
	16	机床整理	倒扣		

六、常见问题解析

（1）注意工件坐标系偏置、转换。

（2）子程序编程时，注意 G90、G91 指令的使用，防止刀具在原位重复加工。

（3）合理选择切削用量。原则上刀具直径越小，转速就越高。

七、巩固训练

根据自己所掌握的数控系统完成如图 3-26 所示孔的铣削加工。要求分层铣完成孔的加工，每层加工深度为 2mm。零件材料为 LY12，毛坯尺寸为 100mm×100mm×15mm，零件评分表如表 3-48 所示。

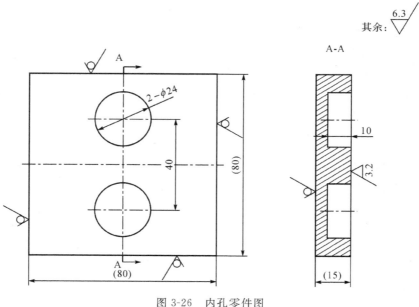

图 3-26　内孔零件图

表 3-48 内孔零件评分表

工件编号(姓名)				总得分			
课题名称		内孔零件		加工设备		加工中心	
项目与配分		序号	技术要求	配分	评分标准	检测结果	得分
工件加工质量 (60分)	内孔轮廓	1	φ24	30	不符不得分		
		2	40	10	不符不得分		
		3	10	30	不符一处扣1分		
程序与工艺 (15分)		4	程序正确、合理等	5	出错一次扣1分		
		5	切削用量选择合理	5	出错一次扣1分		
		6	加工工艺制定合理	5	出错一次扣1分		
机床操作 (15分)		7	机床操作规范	7	出错一次扣1分		
		8	刀具、工件装夹	8	出错一次扣1分		
工件完整度 (10分)		9	工件无缺陷	10	缺陷一处扣2分		
安全文明生产 (倒扣分)		10	安全操作机床	倒扣	出事故停止操作 或酌情扣5~10分		
		11	工量具摆放	倒扣	不符规范酌情 扣5~10分		
		12	机床整理	倒扣			

思考与练习

1. 什么是子程序？有什么作用？
2. 简述不同数控系统的子程序调用方法。

任务六　工件坐标系旋转应用

一、任务布置

完成如图 3-27 所示圆角菱形零件的加工。材料为 LY12，毛坯尺寸为 80mm×80mm×12mm（长×宽×高）。

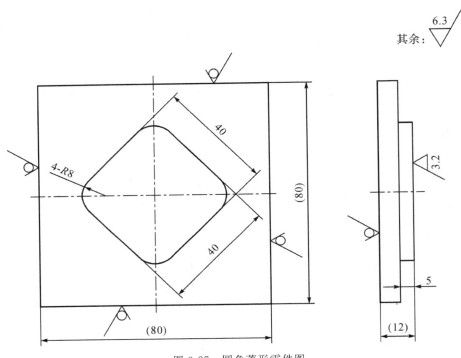

图 3-27　圆角菱形零件图

【知识目标】

熟练掌握工件坐标系旋转指令及其应用。

【技能目标】

（1）能简单分析加工工艺。
（2）会灵活使用工件坐标系旋转指令简化加工程序。
（3）能利用刀具半径补偿功能完成工件的粗、精加工。

二、知识链接

(一)工件坐标系旋转指令

利用工件坐标系旋转指令,可将工件坐标系旋转某一指定角度,如图 3-28 所示。另外,如果工件的形状由许多相同的图形组成,则可将图形单元编成子程序,然后用主程序附加旋转指令调用子程序。这样可简化编程,省时、省存储空间。

指令格式:见表 3-49。

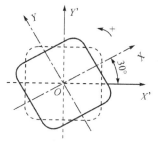

图 3-28 工件坐标系旋转

表 3-49 FANUC、SINUMERIK 和 HNC 系统坐标系旋转指令格式

系统	指令格式	指令含义
FANUC	G17 G68 X _Y _R _; … G69; 其中,X、Y 为旋转中心的绝对坐标值;P 为旋转角度;G69 为坐标系旋转取消。	例:如图 3-28 所示。 … G68 X0 Y0 R30; … G69; …
SINUMERIK	ROT RPL=; 说明:可编程旋转,取消以前的偏移、旋转、比例系数和镜像指令,RPL 为旋转角度。 AROT RPL=; 说明:可编程旋转,附加于当前的指令。 ROT; 说明:没有设定值,取消以前的偏移、旋转、比例系数和镜像指令。	例:如图 3-28 所示。 … AROT RPL=30; … ROT; … 注意:ROT/AROT 指令要求独立程序段。
HNC	G17 G68 X Y P; … G69; 其中,X、Y 为旋转中心的坐标值;P 为旋转角度,单位为(°),0≤P≤360°;G69 为坐标系旋转取消。	例:如图 3-28 所示。 … G68 X0 Y0 P30; … G69; …

旋转方向:沿着第三坐标轴的正方向往负方向看,逆时针方向为正,顺时针方向为负。

三、工艺分析

（一）加工工艺分析

1．结构分析

该零件图主要完成 40mm×40mm 凸台。由于凸台于工件坐标系原点旋转一定角度,用坐标系旋转指令来完成程序的编制。

2．精度分析

由图 3-27 可知,尺寸控制主要为 40mm、5mm 两个尺寸,且尺寸都为自由公差,按 IT14 级加工。

3．加工刀具分析

根据零件加工结构和精度分析,选用 ϕ10mm 高速钢立铣刀进行零件槽的加工,就可以达到其加工要求。

4．零件装夹方式分析

根据零件加工要求,使用机用精密平口钳直接装夹零件的方式。

（二）加工工艺文件

1．数控编程任务书

数控编程任务书如表 3-50 所示。

表 3-50　数控编程任务书

×××××× 工艺处	数控编程任务书	产品零件图号	/	任务书编号	
		零件名称	圆角菱形零件图	/	
		使用设备	加工中心	共 1 页　第 1 页	

主要工艺说明及技术要求:

1．圆角菱形尺寸精度达到图样要求。详见产品工艺卡。

2．技术要求详见零件图。

| 收到编程时间 | | 月　　日 | | 经手人 | | |
| 编制 | | 审核 | | 编程 | | 审核 | | 审批 | |

2．零件安装方式

数控加工工件安装和工件坐标系设定卡参照表 3-11 所列。

3．数控铣削加工工序

数控铣削加工一次性完成切削加工,其数控加工工序参照表 3-12 所列。

4．数控铣削加工刀具

使用 ϕ50mm 面铣刀和 ϕ10mm 立铣刀完成圆角菱形的加工。其数控刀具明细表及数控刀具卡参照表 3-13 所列。

5. 刀具运行轨迹

编程尺寸相对简单,由图 3-28 所示就可以直接得到。机床刀具运行轨迹如表 3-51 所示。

表 3-51　机床刀具运行轨迹图

×××××× 机械厂	机床刀具运行轨迹图	零件名称	零件图号	使用设备
		圆角菱形零件	/	加工中心
		刀位号	程序编号	共 1 页　第 1 页
		/	/	

加工圆角菱形	
1	(−50,0)
2	(−40,−20)
3	(−20,0)
4	(−20,12)
5	(−12,20)
6	(12,20)
7	(20,12)
8	(20,−12)
9	(12,−20)
10	(−12,−20)
11	(−20,−12)
12	(−40,20)

刀具:立铣刀

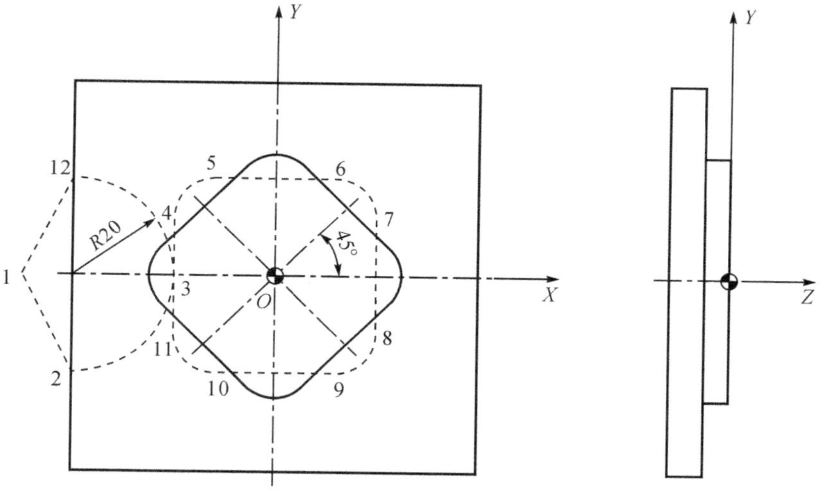

注:面铣刀运行轨迹、程序与任务一直线槽的上表面加工相同。

编程员		审核		日期	

6. 程序编制

FANUC、SINUMERIK 和 HNC 系统圆角菱形零件加工程序卡如表 3-52 所示。

表 3-52　FANUC、SINUMERIK 和 HNC 系统圆角菱形零件加工程序卡

零件名称	圆角菱形	数控加工程序单		刀位号	使用设备	共 1 页
零件图号	/			/	加工中心	第 1 页

程序段号	FANUC	SINUMERIK	HNC	程序说明
N100	O0001	GZX1	O0001	程序名或文件名,手动换立铣刀(SINUMERIK:取消旋转)
N110		ROT	%0001	
N120	G90　G54　G40　G69 G00　Z100	G90　G54　G40　G69 G00　Z100	G90　G54　G40　G00 Z100	设置加工前准备参数
N130	X0　Y0	X0　Y0	X0　Y0	
N140	S1000　M03	S1000　M03	S1000　M03	
N150	M08	M08	M08	
N160	Z5	Z5	Z5	刀具快速定位到安全高度
N170	G68　X0　Y0　R45	AROT　RPL＝45	G68　X0　Y0　P45	坐标系旋转 45°
N180	M98　P200	L200	M98　P200	调用子程序
N190	G69	ROT	G69	取消坐标系旋转
N200	G0　Z100	G0　Z100	G0　Z100	抬刀
N210	X0　Y0	X0　Y0	X0　Y0	回零
N220	M5　M9	M5　M9	M5　M9	主轴停、冷却关
N230	M30	M30	M30	程序结束,复位
N250	O200	L200	O200	子程序名称
N260	G0　X－50　Y0	G0　X－50　Y0	G0　X－50　Y0	定位到下刀点 1 点
N270	G1　Z－5　F100	G1　Z－5　F100	G1　Z－5　F100	下到至加工深度
N280	G41　X－40　Y－20 D1　F100	G41　X－40　Y－20 D1　F100	G41　X－40　Y－20 D1　F100	直线插补到 2 点建立刀补
N290	G3　X－20　Y0　R20	G3　X－20　Y0　CR ＝20	G3　X－20　Y0　R20	圆弧切入轮廓到 3 点
N300	G1　Y12	G1　Y12	G1　Y12	直线插补到 4 点
N310	G3　X－12　Y20　R8	G3　X－12　Y20　CR＝ 8	G3　X－12　Y20　R8	圆弧插补到 5 点
N320	G1　X12	G1　X12	G1　X12	直线插补到 6 点
N330	G3　X20　Y12　R8	G3　X20　Y12　CR＝8	G3　X20　Y12　R8	圆弧插补到 7 点
N340	G1　Y－12	G1　Y－12	G1　Y－12	直线插补到 8 点

N350	G3 X12 Y−20 R8	G3 X12 Y−20 CR=8	G3 X12 Y−20 R8	圆弧插补到9点,直线插补到10点
N360	G1 X−12	G1 X−12	G1 X−12	
N370	G3 X−20 Y−12 R8	G3 X−20 Y−12 CR=8	G3 X−20 Y−12 R8	圆弧插补到11点
N380	G1 Y0	G1 Y0	G1 Y0	直线插补到3点
N390	G3 X−40 Y20 R20	G3 X−40 Y20 CR=20	G3 X−40 Y20 R20	圆弧切出轮廓到12点
N400	G1 G40 X−50 Y0	G1 G40 X−50 Y0	G1 G40 X−50 Y0	直线插补到O点取消刀补
N410	G0 Z100	G0 Z100	G0 Z100	抬刀
N420	M99	M2	M99	子程序结束

四、技能实训

1. 实训准备

根据工艺方案设计要求以及项目任务要求,给出圆角菱形零件加工工具、量具、刃具等准备清单,参照表3-16所列。

2. 加工准备、程序输入、模拟加工、自动加工、结束准备参照任务一直线槽的操作步骤。

五、质量评价

根据各自实训结果,按照项目评分表对加工零件进行质量评价。评分表如表3-53所示。

表 3-53　圆角菱形评分表

工件编号(姓名)				总得分			
课题名称		圆角菱形		加工设备		加工中心	
项目与配分		序号	技术要求	配分	评分标准	检测结果	得分
工件加工质量 (60分)	凸台	1	40(2处)	2×15=30	超差全扣		
		2	R8(4处)	4×2=8	超差全扣		
		3	45°	5	超差全扣		
		4	5	7	超差全扣		
	其他	5	表面粗糙度	10	不符一处扣2分		
程序与工艺 (15分)		6	程序正确、合理等	5	出错一次扣1分		
		7	切削用量选择合理	5	出错一次扣1分		
		8	加工工艺制定合理	5	出错一次扣1分		

机床操作 （15分）	9	机床操作规范	7	出错一次扣1分		
	10	刀具、工件装夹	8	出错一次扣1分		
工件完整度 （10分）	11	工件无缺陷	10	缺陷一处扣2分		
安全文明生产 （倒扣分）	12	安全操作机床	倒扣	出事故停止操作 或酌情扣5～10分		
	13	工量具摆放	倒扣	不符规范酌情 扣5～10分		
	14	机床整理	倒扣			

六、常见问题解析

（1）注意刀具半径补偿的合理设定，防止过切。

（2）注意坐标系旋转方向的确定。

（3）手动去除多余余量时，注意各移动轴的正负方向。

七、巩固训练

完成如图3-29所示四方台零件的加工。零件材料为LY12，毛坯尺寸为80mm×80mm×12mm，四方台零件评分表如表3-54所列。

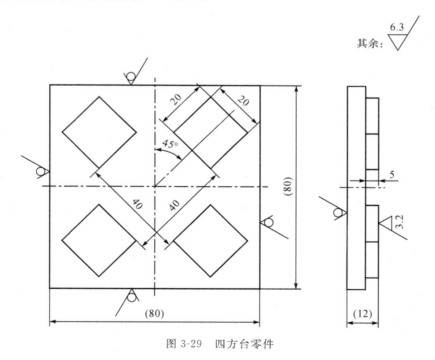

图3-29　四方台零件

表 3-54　四方台零件评分表

工件编号(姓名)				总得分			
课题名称		四方台		加工设备		加工中心	
项目与配分		序号	技术要求	配分	评分标准	检测结果	得分
工件加工质量(60分)	四方台	1	20	20	超差全扣		
		2	40	10	超差全扣		
		3	45°	20	超差全扣		
		4	5	5	超差全扣		
	其他	5	表面粗糙度	5	升高一级全扣		
程序与工艺(15分)		6	程序正确、合理等	5	出错一次扣1分		
		7	切削用量选择合理	5	出错一次扣1分		
		8	加工工艺制定合理	5	出错一次扣1分		
机床操作(15分)		9	机床操作规范	7	出错一次扣1分		
		10	刀具、工件装夹	8	出错一次扣1分		
工件完整度(10分)		11	工件无缺陷	10	缺陷一处扣2分		
安全文明生产(倒扣分)		12	安全操作机床	倒扣	出事故停止操作或酌情扣5~10分		
		13	工量具摆放	倒扣	不符规范酌情扣5~10分		
		14	机床整理	倒扣			

思考与练习

1. 各系统工件坐标系旋转指令的格式如何？旋转方向如何判别？
2. 简述如图 3-29 所示零件的数控加工工艺。

任务七　光孔加工

一、任务布置

完成如图 3-30 所示"十"字孔零件的加工。零件材料为 LY12,毛坯尺寸为 80mm× 80mm×12mm(长×宽×高)。

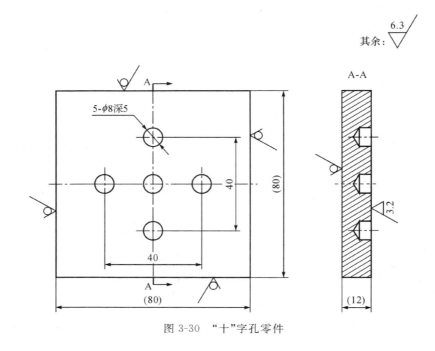

图 3-30 "十"字孔零件

【知识目标】

（1）了解孔的类型及加工方法。

（2）了解麻花钻、钻孔工艺及加工。

（3）熟练掌握孔加工循环指令。

【技能目标】

（1）能合理安排光孔加工工艺。

（2）会加工浅孔、深孔。

二、知识链接

数控加工中，某些固定的加工动作循环已经典型化。例如，钻孔、镗孔加工动作主要由快速定位、快速引进、切削进给、快速退回等动作组成，把这些动作进行预先编成循环程序，并用一个固定循环 G 代码调用这些循环程序，从而简化编程。一个固定循环，通常由以下 6 个动作组成，如图 3-31 所示。

（1）刀具快速从 A 点定位到孔加工循环起始点 $B(X,Y)$。

（2）定位到 R 点。R 点为安全高度，R 一般取 2～5mm。

（3）切削进给加工。根据加工孔的深度和大小，切削进给时可以一次加工到孔底或分段加工到孔底，这种切削进给又叫间歇进给。

（4）孔底动作 E 点（如进给暂停、刀具偏移、主轴准停、主轴反转等动作）。

（5）返回到 R 点。

（6）快速返回到初始点 B 点。

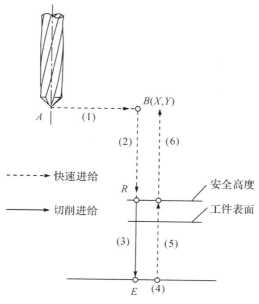

图 3-31　固定循环加工动作

（一）孔加工指令

1. 钻孔、中心钻孔循环指令

指令格式：见表 3-55。

表 3-55　FANUC、SINUMERIK 和 HNC 系统钻孔、中心孔循环指令格式

系统	指令格式	指令动作示图
FANUC HNC	$G17\begin{Bmatrix}G98\\G99\end{Bmatrix}G81\_X\_Y\_Z\_R\_F\_L(K)\_;$ … G80； 其中，G98 为刀具快速返回到初始位置；G99 为刀具快速返回到 R 点；X、Y 为孔加工坐标；Z 为孔底的位置坐标（绝对值时）或从 R 点到孔底距离（增量值时）；R 为工件坐标原点到 R 点位置的距离；F 为切削进给速度；L 为 HNC 系统固定循环次数；K 为 FANUC 系统固定循环次数；G80 固定循环取消。	

续表

系统	指令格式	指令动作示图
SINUMERIK	CYCLE81(RTP,RFP,SDIS,DP,DPR) 其中,RTP 为后退平面(后退平面)(绝对值);RFP 为参考平面(绝对值);SDIS 为安全间隙(无符号输入);DP 为最后钻孔深度(绝对值);DPR 为相对于参考平面的最后钻孔深度(无符号输入),默认为 0。	

2. 深孔钻孔循环指令

指令格式:见表 3-56。

表 3-56 FANUC、SINUMERIK 和 HNC 系统深孔钻孔循环指令格式

系统	指令格式	指令动作示图
FANUC	G17 $\begin{Bmatrix} G98 \\ G99 \end{Bmatrix}$ G83_X_Y_Z_R_Q_F_K_P_; … G80; 其中,Q 为每次进给深度;d 为钻头间断进给时,每次下降由快速转为切削进给时的那一点与前一次切削进给下降的点之间的距离,由系统内部参数设定;P 为孔底暂停时间。	
SINUMERIK	CYCLE83(RTP, RFP, SDIS, DP, DPR, FDEP,DAM,DTB,DTS,FRF,VARI) 其中,FDEP 为起始钻孔深度(绝对值);FDPR 为相当于参考平面的起始钻孔深度(无符号输入);DAM 为递减量(无符号输入);DTB 为最后钻孔深度时的停顿时间(断屑);DTS 为起始点处和用于排屑的停顿时间;FPF 为起始钻孔深度的进给率系数(无符号输入),值范围为 0.01~1;VARI 为加工类型:断屑＝0,排屑＝1。	

系统	指令格式	指令动作示图
HNC	$G17 \begin{Bmatrix} G98 \\ G99 \end{Bmatrix} G83\_X\_Y\_Z\_R\_Q\_P\_K\_F\_$ $L\_;$ … $G80;$ 其中,Q 为每次进给深度,其增量时值为负值;P 为孔底暂停时间;K 为每次退刀后,再次进给时,由快速进给转换为切削进给时距上次加工面的距离。	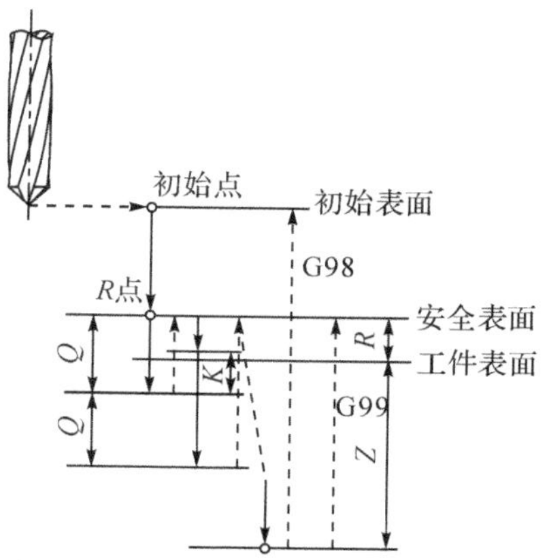

注:孔加工有浅孔和深孔之分,当长径比(L/D 孔深与孔径之比)小于 5 为浅孔,而大于等于 5 时为深孔。加工浅孔可直接编程加工或调用钻孔循环(G81 或 CYCLE81)指令;深孔加工时因排屑、冷却困难,应采用深孔钻孔循环(G83 或 CYCLE83)指令。

三、工艺分析

(一)加工工艺分析

1. 结构分析

该零件图主要完成 $5 \times \phi 8mm$ 钻孔,加工深度为 5mm,本任务零件孔加工为浅孔加工,故采用钻孔循环指令来完成 5 个孔的加工。

2. 精度分析

由图 3-30 可知,尺寸控制主要为 $\phi 8mm$、5mm、40mm 三个尺寸,且尺寸都为自由公差,按 IT14 级加工。

3. 加工刀具分析

根据零件加工结构和精度分析,钻孔前先用中心钻钻中心孔定位,然后用麻花钻钻孔。

4. 零件装夹方式分析

根据零件加工要求,使用机用精密平口钳直接装夹零件的方式。

(二)加工工艺文件

1. 数控编程任务书

数控编程任务书如表 3-57 所示。

表 3-57　数控编程任务书

×××××× 工艺处	数控编程任务书	产品零件图号	/	任务书编号	
		零件名称	"十"字孔零件	/	
		使用设备	加工中心	共 1 页　第 1 页	

主要工艺说明及技术要求：

1. 孔径、孔深及孔距尺寸精度达到图样要求。详见产品工艺卡。

2. 技术要求详见零件图。

收到编程时间		月　日		经手人	
编制		审核		编程		审核		审批	

2. 零件安装方式

数控加工工件安装和工件坐标系设定卡参照表 3-11 所列。

3. 数控铣削加工工序

数控铣削加工一次性完成切削加工，其数控加工工序参照表 3-58 所列。

表 3-58　数控加工工序卡

××××× 机械厂	数控加工工序卡		产品名称	零件名称	零件图号
			/	"十"字孔零件	/
工序号	夹具名称	夹具编号	车间	使用设备	加工材料
/	精密平口钳	/	数控车间	加工中心	LY12

工步号	工步内容	程序编号	刀位号	刀具规格	主轴转速 S(r/min)	进给速度 F(mm/min)	切削速度 a_p(mm)	备注
1	铣零件上表面	O0001		ϕ50mm	800	100	1	
2	钻中心孔	O0002		中心钻	1200	30	4	
3	钻孔	O0003		麻花钻	600	60	5	

编制		审核		审批		共 1 页　第 1 页	

4. 数控铣削加工刀具

使用 ϕ50mm 面铣刀、ϕ8mm 麻花钻及中心钻完成"十"字孔的加工。其数控刀具明细表及数控刀具卡参照表 3-59 所列。

表 3-59　数控刀具明细表及数控刀具卡

零件名称	零件图号	加工材料	数控刀具明细表				车间	使用设备
"十"字孔零件	/	LY12					数控车间	加工中心
序号	刀位号	刀具名称	刀具			刀补地址	换刀方式	加工部位
			规格	半径	长度	半径　长度	自动/手动	
1	/	面铣刀	$\phi50$	/	/	/　/	手动	工件表面
2	/	中心钻	$\phi2.5$	/	/	/　/	手动	钻中心孔
3	/	麻花钻	$\phi8$	/	/	/　/	手动	钻孔

(a)$\phi50$mm面铣刀　　　(b)$\phi8$mm麻花钻　　　(c)$\phi2.5$mm中心钻

编制		审核		批准		年　　月　　日	共1页　第1页

5. 刀具运行轨迹

编程尺寸比较简单,由图 3-30 就可以直接得到。机床刀具运行轨迹如表 3-60 所示。

表 3-60　机床刀具运行轨迹

××××× 机械厂	机床刀具运行轨迹图	零件名称	零件图号	使用设备
		"十"字孔零件	/	加工中心
		刀位号	程序编号	共1页　第1页
		/	/	

加工"十"字孔	
1	(20,0)
2	(0,0)
3	(−20,0)
4	(0,−20)
5	(0,20)

刀具:立铣刀

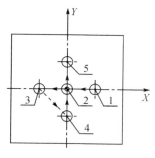

注:面铣刀运行轨迹、程序与任务一直线槽上表面加工相同。

编程员		审核		日期	

6. 程序编制

FANUC、SINUMERIK 和 HNC 系统"十"字孔零件中心孔加工程序卡如表 3-61 所示。

表 3-61　FANUC、SINUMERIK 和 HNC 系统"十"字孔零件中心孔加工程序卡

零件名称	"十"字孔零件	数控加工程序单		刀位号	使用设备	共1页
零件图号	/			/	加工中心	第1页

程序段号	FANUC	SINUMERIK	HNC	程序说明
N100	O0001	GZX1	O0001	程序名或文件名,手动换立铣刀(SINUMERIK:取消旋转)
N110		ROT	%0001	
N120	G90 G54 G40 G69 G00 Z100	G90 G54 G40 G00 Z100	G90 G54 G40 G00 G69 Z100	设置加工前准备参数
N130	X0 Y0	X0 Y0	X0 Y0	
N140	S1200 M03	S1200 M03	S1200 M03	
N150	M08	F30 M08	M08	
N160	G98 G81 X20 Y0 Z－4 R5 F30	MACLL CYCLE81 (100,0,5,－4,0)	G98 G81 X20 Y0 Z－4 R5 F30	模态调用钻孔循环;参数参照表 3-55
N170	X0 Y0	X20 Y0	X0 Y0	孔坐标点位置
N180	X－20 Y0	X0 Y0	X－20 Y0	
N190	X0 Y－20	X－20 Y0	X0 Y－20	
N200	X0 Y20	X0 Y－20	X0 Y20	
N210		X0 Y20		
N220	G80	MCALL	G80	模态取消
N230	G0 Z100	G0 Z100	G0 Z100	抬刀
N240	X0 Y0	X0 Y0	X0 Y0	回原点坐标
N250	M5	M5	M5	主轴停
N260	M9	M9	M9	冷却关
N270	M30	M30	M30	程序结束,复位

四、技能实训

1. 实训准备

根据工艺方案设计要求以及项目任务要求,给出"十"字孔零件加工工具、量具、刃具等准备清单,如表 3-62 所列。

表 3-62　"十"字孔零件加工工具、量具、刃具准备清单

课题名称			"十"字孔零件		
序号	分类	名称	规格	单位	数量
1	机床	加工中心	MV80	台	1
2	毛坯	LY12	80mm×80 mm×12 mm (长×宽×高)	块	1
3	夹具	精密平口钳	150mm×50mm	台	1
4	刀具	面铣刀(或盘铣刀)	ϕ50 mm	把	1
5		麻花钻	ϕ8mm	把	1
6		中心钻	ϕ2.5mmA 型	把	1
7	工具系统	自紧式钻夹头	ϕ1ϕ16	套	1
8		面铣刀刀柄	与面铣刀匹配	套	1
9	量具	游标卡尺	0~150 mm	把	1
10	其他	常用辅助工具	若干		

2. 加工准备、程序输入、模拟加工、自动加工、结束准备参照任务一直线槽的操作步骤。

五、质量评价

根据各自实训结果,按照项目评分表对加工零件进行质量评价,评分表如表 3-63 所示。

表 3-63　"十"字孔零件评分表

工件编号(姓名)				总得分			
课题名称		"十"字孔零件		加工设备		加工中心	
项目与配分		序号	技术要求	配分	评分标准	检测结果	得分
工件加工质量 (60分)	光孔	1	5×ϕ8mm	5×6=30	超差全扣		
		2	5	5×2=10	超差全扣		
		3	40	2×5=10	超差全扣		
	其他	4	表面粗糙度	10	不符一处扣2分		
程序与工艺 (15分)		5	程序正确、合理等	5	出错一次扣1分		
		6	切削用量选择合理	5	出错一次扣1分		
		7	加工工艺制定合理	5	出错一次扣1分		

机床操作	8	机床操作规范	7	出错一次扣1分	
(15分)	9	刀具、工件装夹	8	出错一次扣1分	
工件完整度 (10分)	10	工件无缺陷	10	缺陷一处扣2分	
安全文明生产 (倒扣分)	11	安全操作机床	倒扣	出事故停止操作 或酌情扣5～10分	
	12	工量具摆放	倒扣	不符规范酌情 扣5～10分	
	13	机床整理	倒扣		

六、常见问题解析

（1）注意换刀后应及时 Z 向对刀，防止发生撞刀。

（2）钻中心孔时应选择较高的主轴转速、较小的切削进给。

七、巩固训练

完成如图 3-32 所示环形孔零件的加工。零件材料为 LY12，毛坯尺寸为 80mm×80mm×12mm，环形孔零件评分表如表 3-64 所示。

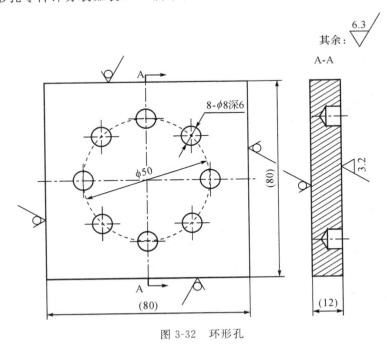

图 3-32 环形孔

表 3-64 项目评分表

工件编号(姓名)					总得分			
课题名称			环形孔		加工设备		加工中心	
项目与配分		序号	技术要求	配分	评分标准		检测结果	得分
工件加工质量 (60分)	光孔	1	8×φ8mm	8×4=32	超差全扣			
		2	6	8×1=8	超差全扣			
		3	φ5mm	8×1=8	超差全扣			
	其他	4	表面粗糙度	12	不符一处扣2分			
程序与工艺 (15分)		5	程序正确、合理等	5	出错一次扣1分			
		6	切削用量选择合理	5	出错一次扣1分			
		7	加工工艺制定合理	5	出错一次扣1分			
机床操作 (15分)		8	机床操作规范	7	出错一次扣1分			
		9	刀具、工件装夹	8	出错一次扣1分			
工件完整度 (10分)		10	工件无缺陷	10	缺陷一处扣2分			
安全文明生产 (倒扣分)		11	安全操作机床	倒扣	出事故停止操作 或酌情扣5~10分			
		12	工量具摆放	倒扣	不符规范酌情 扣5~10分			
		13	机床整理	倒扣				

思考与练习

1. 简述不同数控系统的光孔指令格式。

2. 光孔指令运行过程动作是怎样? 请简述。

任务八 综合轮廓加工

一、任务布置

完成如图 3-33 所示综合零件的加工。零件材料为 LY12,毛坯尺寸为 80mm×80mm×20mm(长×宽×高)。

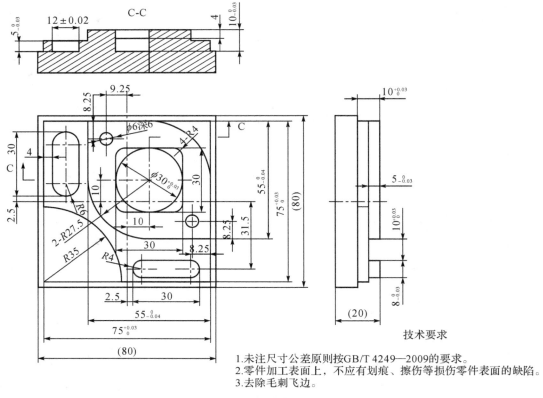

图 3-33　综合零件图

【知识目标】

（1）熟练掌握尺寸精度控制方法。

（2）掌握简单轮廓零件、钻孔的加工工艺知识及切削用量的选择。

（3）掌握简单轮廓零件程序的编制方法。

【技能目标】

（1）会合理安排加工工艺。

（2）会利用刀具半径补偿控制尺寸精度。

（3）会合理选择量具检测工件。

二、知识链接

利用刀具半径补偿功能可以实现同一程序、同一刀具进行工件的粗、精加工及尺寸精度控制。

（一）刀具半径补偿量计算

刀具半径补偿功能是使刀具中心轨迹偏离编程轮廓一个补偿值 D。对尺寸精度控制，应分粗、半精、精加工甚至更多的加工工序来完成。如图 3-34 所示，加工编程尺寸为 L 的轮廓,半精加工时,设置刀具半径补偿量为 $D=r+\Delta$,在不考虑误差的情况下,刀具中心轨迹偏离轮廓的距离为 $D=r+\Delta$,理论尺寸应为 $L_1=L+2\Delta$(如图 3-34 中细实线表示)。而实际上,在加工过程存在一定的加工误差(机床刚性、传动系统、刀具等影响),实际测得 $L_1{}'$ 的尺寸有如下三种情况:

(1) 当 $L_1{}'>L_1$ 时,则刀具半径补偿误差 $\Delta'=(L_1-L_1{}')/2$ 为负值,说明补偿过大。

(2) 当 $L_1{}'<L_1$ 时,则刀具半径补偿误差 $\Delta'=(L_1-L_1{}')/2$ 为正值,说明补偿过小。

(3) 当 $L_1{}'=L_1$ 时,则刀具半径补偿误差 $\Delta'=0$。

在精加工时,应根据半精加工计算结果,调整刀具半径补偿量为 $D=r+\Delta'$,再进行轮廓精加工。

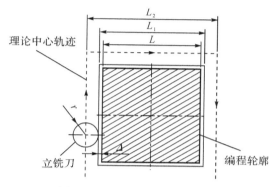

图 3-34　刀具半径补偿量计算

例　加工如图 3-34 所示 75mm×75mm 轮廓,其公差为+0.03,立铣刀为 ϕ16mm,精加工余量单边为 0.2mm。在半精加工时,若测得轮廓实际尺寸 $L_1{}'$ 为 75.46mm,按轮廓尺寸公差带中差来完成尺寸加工,则精加工时,刀具半径补偿量应设置为多少?

解:已知刀具半径为 $r=8$mm,精加工单边余量 $\Delta=0.2$mm,尺寸公差中差 $T=0.015$,轮廓实际尺寸 $L_1{}'=90.46$mm。

可知,半精加工后,理论尺寸 $L_1=L+2\Delta=75+2\times0.2=75.4$mm,刀具半径补偿误差 $\Delta'=(L_1-L_1{}')/2=(75.4-75.46)/2=-0.03$。

所以,精加工时,设置刀具半径补偿量 $D=r+\Delta'+T/2$

$=8+(-0.03)+0.015/2$

$=7.9775(\text{mm})\approx7.98(\text{mm})$。

三、工艺分析

(一)加工工艺分析

1. 结构分析

该零件主要完成 75mm×75mm、55mm×55mm 异形凸台,30mm×30mm 内方、ϕ32mm 内圆、12mm×30mm 内键槽,8mm×30mm 凸台键的铣削加工以及 $2\times\phi$6mm 钻孔,轮廓较多,但加工相对简单。

2. 精度分析

由图 3-33 可知,轮廓尺寸精度在 IT7 级左右,需要进行粗加工、半精加工和精加工。对于未注公差尺寸,加工精度按 IT14 加工,只需粗、精加工工序完成。工件上表面作为加工时测量基准表面粗糙度为 $R_a3.2\mu m$,需精铣该表面。

3. 加工刀具分析

根据零件加工结构和精度分析,选用 $\phi50$ 面铣刀进行工件表面加工,$\phi16$、$\phi8$、$\phi6$ 立铣刀对轮廓进行加工,$\phi2.5A$ 型、$\phi6$ 麻花钻进行孔加工。

4. 零件装夹方式分析

根据零件加工要求,使用机用精密平口钳直接装夹零件的方式。

（二）加工工艺文件

1. 数控编程任务书

数控编程任务书如表 3-65 所示。

表 3-65　数控编程任务书

××××× 工艺处	数控编程任务书	产品零件图号	/	任务书编号	
		零件名称	综合零件	/	
		使用设备	加工中心	共1页　第1页	

主要工艺说明及技术要求:

1. 各异形凸台、内轮廓等尺寸精度达到图样要求。详见产品工艺卡。

2. 技术要求详见零件图。

收到编程时间		月　日		经手人	
编制		审核		编程	审核	审批	

2. 零件安装方式

数控加工工件安装和工件坐标系设定卡参照表 3-11 所列。

3. 数控铣削加工工序

数控铣削加工一次性完成切削加工,其数控加工工序参照表 3-66 所列。

表 3-66　数控加工工序卡

××××× 机械厂	数控加工工序卡		产品名称	零件名称	零件图号
			/	综合零件	/
工序号	夹具名称	夹具编号	车间	使用设备	加工材料
/	精密平口钳	/	数控车间	加工中心	LY12

工步号	工步内容	程序编号	刀位号	刀具规格	主轴转速 $S(r/min)$	进给速度 $F(mm/min)$	切削速度 $a_p(mm)$	备注
1	铣零件上表面	O0001	T1	$\phi50mm$	800	100	1	
2	75mm×75mm 异形凸台	O0002	T2	$\phi16mm$	800	150	5	
3	$\phi30mm$ 内圆	O0003	T2	$\phi16mm$	800	150	5	

4	55mm×55mm 异形凸台	O0004	T3	φ8mm	1000	150	5
5	12mm×30mm 内键槽	O0005	T3	φ8mm	1000	150	5
6	8mm×30mm 凸台键	O0006	T3	φ8mm	1000	150	5
7	30mm×30mm 内方	O0007	T4	φ6mm	1000	150	4
8	钻中心孔	O0008	T5	中心钻	1200	30	4
9	钻孔	O0009	T6	麻花钻	600	60	5
编制		审核		审批		共1页 第1页	

4. 数控铣削加工刀具

使用 φ50mm 面铣刀,φ16mm、φ8mm、φ6mm 立铣刀,φ6mm 麻花钻及中心钻完成该零件的加工。其数控刀具明细表及数控刀具卡参照表 3-67 所列。

表 3-67　数控刀具明细表及数控刀具卡

零件名称		零件图号	加工材料	数控刀具明细表				车间	使用设备
/		/	LY12					数控车间	加工中心
序号	刀位号	刀具名称	刀具			刀补地址		换刀方式	加工部位
			规格	半径	长度	半径	长度	自动/手动	
1	01	面铣刀	φ50mm	/	/	/	H1	手动	工件表面
2	02	立铣刀	φ16mm	/	/	D2	H2	自动	异形凸台等
3	03	立铣刀	φ8mm	/	/	D3	H2	自动	异形凸台等
4	04	立铣刀	φ6mm	/	/	D4	H4	自动	内方
5	05	中心钻	φ2.5mm	/	/	/	H5	自动	钻中心孔
6	06	麻花钻	φ6mm	/	/	/	H6	自动	钻孔

(a)φ50mm面铣刀　　(b)立铣刀　　(c)φ6mm麻花钻　　(c)φ2.5mm中心钻

编制		审核		批准		年　　月　　日	共1页 第1页

5. 刀具运行轨迹

编程尺寸比较简单,由图 3-33 就可以直接得到。机床刀具运行轨迹如表 3-68 所示。

表 3-68　机床刀具运行轨迹

××××× 机械厂	机床刀具运行轨迹图	零件名称	零件图号	使用设备
		综合零件	/	加工中心
		刀位号	程序编号	共 1 页　第　页
		/	/	

加工 75mm×75mm 异形凸台	
1	(50，−50)
2	(50，−37.5)
3	(−2.5，−37.5)
4	(−37.5，−2.5)
5	(−37.5，37.5)
6	(37.5，37.5)
7	(37.5，−50)

加工 ϕ30mm 内圆	
8	(0，0)
9	(10，5)
10	(0，15)
11	(−10，5)

加工 55mm×55mm 异形凸台	
12	(37.5，−37.5)
13	(37.5，−27.5)
14	(−27.5，−27.5)
15	(−27.5，27.5)
16	(27.5，27.5)
17	(27.5，−37.5)

加工 12mm×30mm 内键槽	
18	(−27.5，8.5)
19	(−32.5，7.5)
20	(−27.5，2.5)
21	(−21.5，8.5)

(1) 刀具：ϕ16mm 立铣刀、刀位号：T2

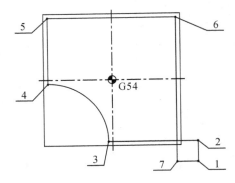

(2) 刀具：ϕ16mm 立铣刀、刀位号：T2

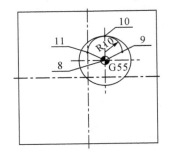

(3) 刀具：ϕ8mm 立铣刀、刀位号：T3

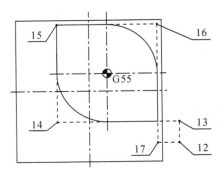

22	(−21.5,26.5)
23	(−33.5,26.5)
24	(−33.5,8.5)
25	(−22.5,7.5)
加工 8mm×30mm 凸台键	
26	(−2.5,−31.5)
27	(−2.5,−36.5)
28	(2.5,−31.5)
29	(6.5,−27.5)
30	(28.5,−27.5)
31	(28.5,−35.5)
32	(6.5,−35.5)
33	(−2.5,−26.5)
加工 30mm×30mm 内方	
34	(0,0)
35	(10,5)
36	(0,15)
37	(−15,15)
38	(−15,−15)
39	(15,−15)
40	(15,15)
41	(−10,5)
孔加工	
42	(0,0)
43	(−9.25,29.25)
44	(29.25,−9.25)

(4) 刀具:φ8mm 立铣刀、刀位号:T3

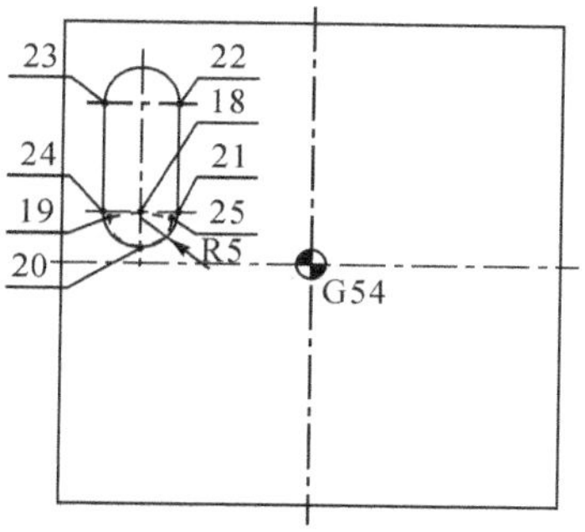

(5)刀具:φ8mm 立铣刀、刀位号:T3

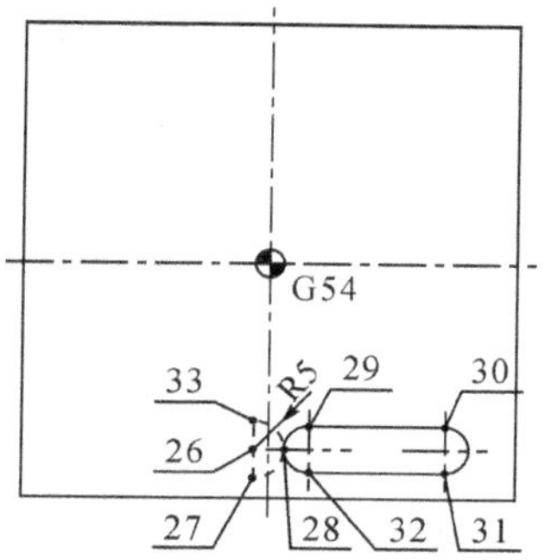

(6)刀具:φ6mm 立铣刀、刀位号:T4

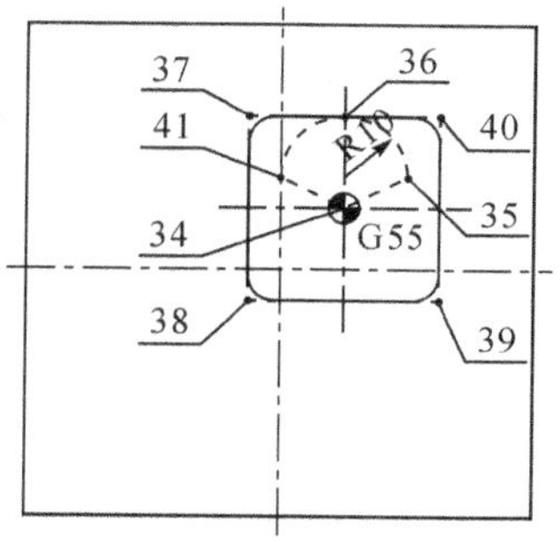

(7)刀具:φ2.5mmA 型中心钻、φ6mm 麻花钻,刀位号:T5、T6

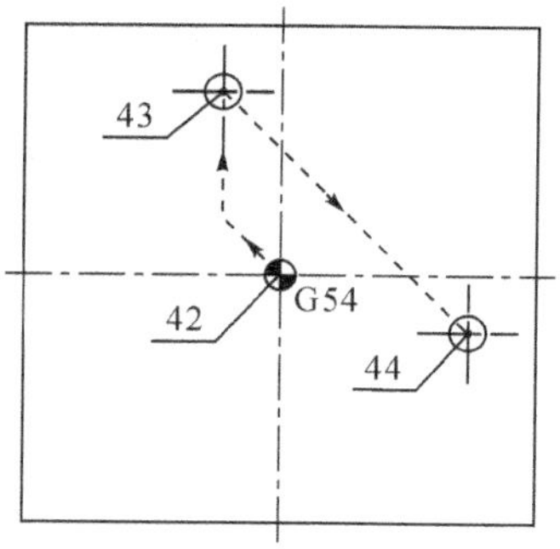

注:面铣刀运行轨迹、程序与任务一直线槽上表面加工相同。

编程员		审核		日期	

6. 程序编制

此综合零件编程以加工中心的编程为例，FANUC、SINUMERIK 和 HNC 系统综合零件 75mm×75mm 异形凸台加工程序卡如表 3-69 所示，铣平面程序与任务一直线槽上表面加工相同，以手动换刀加工。

表 3-69　FANUC、SINUMERIK 和 HNC 系统综合零件 75mm×75mm 异形凸台加工程序卡

零件名称	综合零件	数控加工程序单	刀位号	使用设备	共 1 页
零件图号	/		/	加工中心	第 1 页
程序段号	FANUC、HNC	SINUMERIK		程序说明	
N100	O0002	ZHLJ2		程序名或文件名	
N110	%0002(FANUC 略)	CFTCP			
N120	T2 M6	T2 M6		自动换刀（ϕ16mm 立铣刀）	
N130	G90 G54 G0 X50 Y－50 S800 M03	G90 G54 G0 X50 Y－50 S800 M03		设置加工前准备参数，下刀点定位	
N140	G43 H2 Z100 M08	G43 H2 Z100 M08		刀具长度补偿，切削液开	
N150	Z5	Z5		下刀至安全高度	
N160	G1 Z－10 F50	G1 Z－10 F50		到达切削深度	
N170	G41 D2 X37.5 F150	G41 D2 X37.5 F150		建立刀具半径补偿	
N180	X－2.5	X－2.5		延长线切入	
N190	G17 G3 X－37.5 Y－2.5 R35	G17 G3 X－37.5 Y－2.5 CR＝35		轮廓加工	
N200	G1 Y37.5	G1 Y37.5			
N210	X37.5	X37.5			
N220	Y－50	Y－50		延长线切出	
N230	G40 X50	G40 X50		取消刀具半径补偿	
N240	G0 Z100	G0 Z100		抬刀	
N250	G00 Y200	G00 Y200		工件退出，便于测量	
N260	M05	M05		主轴停	
N270	M30	M30		程序结束，复位	

FANUC、SINUMERIK 和 HNC 系统综合零件 ϕ30mm 内圆加工程序卡如表 3-70 所示。

表 3-70　FANUC、SINUMERIK 和 HNC 系统综合零件 φ30mm 内圆加工程序卡

零件名称	综合零件	数控加工程序单		刀位号	使用设备	共 1 页
零件图号	/			/	加工中心	第 1 页
程序段号	FANUC、HNC		SINUMERIK		程序说明	
N100	O0003		ZHLJ3		程序名或文件名	
N110	%0003(FANUC 略)		CFTCP			
N120	T2 M6		T2 M6		自动换刀(φ16mm 立铣刀)	
N130	G90　G55　G0　X0　Y0 S800 M03		G90　G55　G0　X0　Y0 S800 M03		设置加工前准备参数,下刀点定位	
N140	G43 H2 Z100 M08		G43 H2 Z100 M08		刀具长度补偿,切削液开	
N150	Z5		Z5		下刀至安全高度	
N160	G1 Z−10 F50		G1 Z−10 F50		到达切削深度	
N170	G41 D2 X10 Y5 F150		G41 D2 X10 Y5 F150		建立刀具半径补偿	
N180	G17 G3 X0 Y15 R10		G17 G3 X0 Y15 CR=10		圆弧切入	
N190	X0 Y15 I0 J15		X0 Y15 I0 J15		轮廓加工	
N200	X−10 Y5 R10		X−10 Y5 CR=10		圆弧切出	
N210	G1 G40 X0 Y0		G1 G40 X0 Y0		取消刀具半径补偿	
N220	G0 Z100		G0 Z100		抬刀	
N230	G00 Y200		G00 Y200		工件退出,便于测量	
N240	M05		M05		主轴停	
N250	M30		M30		程序结束,复位	

　　FANUC、SINUMERIK 和 HNC 系统综合零件 55mm×55mm 异形凸台加工程序卡如表 3-71 所示。

表 3-71　FANUC、SINUMERIK 和 HNC 系统综合零件 55mm×55mm 异形凸台加工程序卡

零件名称	综合零件	数控加工程序单			刀位号	使用设备	共 1 页
零件图号	/				/	加工中心	第 1 页
程序段号	FANUC		SINUMERIK	HNC		程序说明	
N100	O0004		ZHLJ4	O0004		程序名或文件名	
N110			CFTCP	%0004			
N120	T3 M6		T3 M6	T3 M6		自动换刀(φ8mm 立铣刀)	

N130	G90 G55 G0 X37.5 Y−37.5 S1000 M03	G90 G55 G0 X37.5 Y−37.5 S1000 M03	G90 G55 G0 X37.5 Y−37.5 S1000 M03	设置加工前准备参数，下刀点定位
N140	G43 H3 Z100 M08	G43 H3 Z100 M08	G43 H3 Z100 M08	刀具长度补偿，切削液开
N150	Z5	Z5	Z5	下刀至安全高度
N160	G1 Z−5 F50	G1 Z−5 F50	G1 Z−5 F50	到达切削深度
N170	G41 D3 Y−27.5 F150	G41 D3 Y−27.5 F150	G41 D3 Y−27.5 F150	建立刀具半径补偿
N180	X−27.5，R27.5	X−27.5 RND=27.5	X−27.5 R27.5	延长线切入
N190	Y27.5	Y27.5	Y27.5	轮廓加工
N200	X27.5，R27.5	X27.5 RND=27.5	X27.5 R27.5	
N210	Y−37.5	Y−37.5	Y−37.5	延长线切出
N220	G40 X37.5	G40 X37.5	G40 X37.5	取消刀具半径补偿
N230	G0 Z100	G0 Z100	G0 Z100	抬刀
N240	G00 X0 Y200	G00 X0 Y200	G00 X0 Y200	工件退出，便于测量
N250	M05	M05	M05	主轴停
N260	M30	M30	M30	程序结束，复位

FANUC、SINUMERIK 和 HNC 系统综合零件 12mm×30mm 内键槽加工程序卡如表 3-72 所示。

表 3-72　FANUC、SINUMERIK 和 HNC 系统综合零件 12mm×30mm 内键槽加工程序卡

零件名称	综合零件	数控加工程序单	刀位号	使用设备	共 1 页
零件图号	/		/	加工中心	第 1 页

程序段号	FANUC、HNC	SINUMERIK	程序说明
N100	O0005	ZHLJ5	程序名或文件名
N110	％0005（FANUC 略）	CFTCP	
N120	T3 M6	T3 M6	自动换刀（φ8mm 立铣刀）
N130	G90 G54 G0 X−27.5 Y8.5 S1000 M03	G90 G54 G0 X−27.5 Y8.5 S1000 M03	设置加工前准备参数，下刀点定位
N140	G43 H3 Z100 M08	G43 H3 Z100 M08	刀具长度补偿，切削液开
N150	Z5	Z5	下刀至安全高度
N160	G1 Z−5 F50	G1 Z−5 F50	到达切削深度
N170	G41 D3 X−32.5 Y7.5 F150	G41 D3 X−32.5 Y7.5 F150	建立刀具半径补偿
N180	G17 G3 X−27.5 Y2.5 R5	G17 G3 X−27.5 Y2.5 CR=5	圆弧切入

N190	X−21.5 Y8.5 R6	X−21.5 Y8.5 CR=6	
N200	G1 Y26.5	G1 Y26.5	轮廓加工
N210	G3 X−33.5 R6	G3 X−33.5 CR=6	
N220	G1 Y8.5	G1 Y8.5	
N230	G3 X−27.5 Y2.5 R6	G3 X−27.5 Y2.5 CR=6	
N240	X−22.5 Y7.5 R5	X−22.5 Y7.5 CR=5	圆弧切出
N250	G1 G40 X−27.5 Y8.5	G1 G40 X−27.5 Y8.5	取消刀具半径补偿
N260	G0 Z100	G0 Z100	抬刀
N270	X0. Y200	X0. Y200	工件退出,便于测量
N280	M05	M05	主轴停
N290	M30	M30	程序结束,复位

　　FANUC、SINUMERIK 和 HNC 系统综合零件 8mm×30mm 凸台键加工程序卡如表 3-73 所示。

表 3-73　FANUC、SINUMERIK 和 HNC 系统综合零件 8mm×30mm 凸台键加工程序卡

零件名称	综合零件	数控加工程序单	刀位号	使用设备	共 1 页
零件图号	/		/	加工中心	第 1 页
程序段号	FANUC、HNC	SINUMERIK		程序说明	
N100	O0006	ZHLJ6		程序名或文件名	
N110	%0006(FANUC 略)	CFTCP			
N120	T3 M6	T3 M6		自动换刀(φ8mm 立铣刀)	
N130	G90 G54 G0 X−2.5 Y−31.5 S1000 M03	G90 G54 G0 X−2.5 Y−31.5 S1000 M03		设置加工前准备参数,下刀点定位	
N140	G43 H8 Z100. M08	G43 H8 Z100. M08		刀具长度补偿,切削液开	
N150	Z5.	Z5.		下刀至安全高度	
N160	G1 Z−5 F50	G1 Z−5. F50		到达切削深度	
N170	G41 D3 Y−36.5 F150	G41 D3 Y−36.5 F150		建立刀具半径补偿	
N180	G17 G3 X2.5 Y−31.5 R5.	G17 G3 X2.5 Y−31.5 CR=5		圆弧切入	
N190	G2 X6.5 Y−27.5 R4	G2 X6.5 Y−27.5 CR=4			
N200	G1 X28.5	G1 X28.5		轮廓加工	
N210	G2 Y−35.5 R4	G2 Y−35.5 CR=4			
N220	G1 X6.5	G1 X6.5			
N230	G2 X2.5 Y−31.5 R4	G2 X2.5 Y−31.5 CR=4			
N240	G3 X−2.5 Y−26.5 R5	G3 X−2.5 Y−26.5 CR=5		圆弧切出	
N250	G1 G40 Y−31.5	G1 G40 Y−31.5		取消刀具半径补偿	

N260	G0 Z100	G0 Z100	抬刀
N270	X0. Y200	X0. Y200	工件退出,便于测量
N280	M05	M05	主轴停
N290	M30	M30	程序结束,复位

FANUC、SINUMERIK 和 HNC 系统综合零件 30mm × 30mm 内方加工程序卡如表 3-74 所示。

表 3-74　FANUC、SINUMERIK 和 HNC 系统综合零件 30mm×30mm 内方加工程序卡

零件名称	综合零件	数控加工程序单	刀位号	使用设备	共 1 页
零件图号	/		/	加工中心	第 1 页

程序段号	FANUC	SINUMERIK	HNC	程序说明
N100	O0007	ZHLJ7	O0007	程序名或文件名
N110		CFTCP	%0007	
N120	T4 M6	T4 M6	T4 M6	自动换刀(ϕ6mm 立铣刀)
N130	G90 G55 G0 X0 Y0 S1000 M03	G90 G55 G0 X0 Y0 S1000 M03	G90 G55 G0 X0 Y0 S1000 M03	设置加工前准备参数,下刀点定位
N140	G43 H4 Z100 M08	G43 H4 Z100 M08	G43 H4 Z100 M08	刀具长度补偿,切削液开
N150	Z5	Z5	Z5	下刀至安全高度
N160	G1 Z−5 F50	G1 Z−5 F50	G1 Z−5 F50	到达切削深度
N170	G41 D4 X10 Y5 F150	G41 D4 X10 Y5 F150	G41 D4 X10 Y5 F150	建立刀具半径补偿
N180	G17 G3 X0 Y15 R10	G17 G3 X0 Y15 CR=10	G17 G3 X0 Y15 R10	圆弧切入
N190	G1 X−15, R4	G1 X−15 RND=4	G1 X−15 R4	轮廓加工
N200	Y−15, R4	Y−15 RND=4	Y−15 R4	
N210	X15, R4	X15 RND=4	X15 R4	
N220	Y15, R4	Y15 RND=4	Y15 R4	
N230	X0	X0	X0	
N240	G3 X−10 Y5 R10	G3X−10 Y5 CR=10	G3 X−10 Y5 R10	圆弧切出
N250	G1 G40 X0 Y0	G1 G40 X0 Y0	G1 G40 X0 Y0	取消刀具半径补偿
N260	G0 Z100	G0 Z100	G0 Z100	抬刀
N270	G00 X0 Y200	G00 X0 Y200	G00 X0 Y200	工件退出,便于测量
N280	M05	M05	M05	主轴停
N290	M30	M30	M30	程序结束,复位

FANUC、SINUMERIK 和 HNC 系统中心孔加工程序卡,如表 3-75 所列。

表 3-75 FANUC、SINUMERIK 和 HNC 系统中心孔加工程序卡

零件名称	综合零件	数控加工程序单		刀位号	使用设备	共 1 页
零件图号	/			/	加工中心	第 1 页

程序段号	FANUC	SINUMERIK	HNC	程序说明
N100	O0008	ZHLJ8	O0008	程序名或文件名
N110		CFTCP	%0008	
N120	T5 M6	T5 M6	T5 M6	自动换刀(ϕ2.5mm 中心钻)
N130	G90 G54 G0 X0 Y0 S1200 M03	G90 G54 G0 X0 Y0 S1200 M03	G90 G54 G0 X0 Y0 S1200 M03	设置加工前准备参数
N140	G43 H4 Z100 M08	G43 H4 Z100 M08	G43 H4 Z100 M08	
N150	G98 G81 X20 Y0 Z−4 R5 F30	MACLL CYCLE81 (100,0,5,−4,0)	G98 G81 X20 Y0 Z−4 R5 F30	模态调用钻孔循环;参数参照表 3-55
N160	X−9.25 Y29.25	X−9.25 Y29.25	X−9.25 Y29.25	孔坐标点位置
N170	X29.25 Y−9.25	X29.25 Y−9.25	X29.25 Y−9.25	
N180	G80	MCALL	G80	模态取消
N190	G0 Z100	G0 Z100	G0 Z100	抬刀
N200	X0 Y200	X0 Y200	X0 Y200	工件退出,便于测量
N210	M05	M05	M05	主轴停
N220	M30	M30	M30	程序结束,复位

四、技能实训

1. 实训准备

根据工艺方案设计要求以及项目任务要求,给出综合零件加工工具、量具、刀具等准备清单,参照表 3-76 所列。

表 3-76　综合零件加工工具、量具、刃具准备清单

课题名称			"工"字形轮廓零件		
序号	分类	名称	规格	单位	数量
1	机床	加工中心	MV80	台	1
2	毛坯	LY12	80mm×80mm×20mm （长×宽×高）	块	1
3	夹具	精密平口钳	150mm×50mm	台	1
4	刀具	面铣刀（或盘铣刀）	ϕ50mm	把	1
5		立铣刀	ϕ16 mm	把	1
6			ϕ8mm	把	1
7			ϕ6mm	把	1
8		中心钻	ϕ2.5A 型 mm	把	1
9		麻花钻	ϕ6mm	把	1
10	工具系统	强力刀柄	与立铣刀刀具匹配	套	1
11		自紧式钻夹点	ϕ1～ϕ16mm	把	1
12		面铣刀刀柄	与面铣刀匹配	套	1
13	量具	游标卡尺	0～150mm	把	1
14		外径千分尺	50～75mm	把	1
15		内径千分尺	5～30mm	把	1
16		内径千分尺	25～50mm	把	1
17		深度千分尺	0～25mm	把	1
18	其他	常用辅助工具	若干		

2. 加工准备、程序输入、模拟加工、自动加工、结束准备参照任务一的直线槽操作步骤。

五、质量评价

根据各自实训结果，按照项目评分表对加工零件进行质量评价。评分表如表 3-77 所示。

表 3-77 综合零件评分表

工件编号(姓名)					总得分			
课题名称			综合零件		加工设备		加工中心	
项目与配分		序号	技术要求	配分	评分标准		检测结果	得分
工件加工质量 (60分)	综合零件轮廓	1	$75^{+0.03}_{0}$	8	不符一处扣 4 分			
		2	$55^{0}_{-0.04}$	8	不符一处扣 4 分			
		3	$\phi30$	4	不符不得分			
		4	12 ± 0.02	4	不符不得分			
		5	$8^{0}_{-0.03}$	4	不符不得分			
		6	$10^{+0.03}_{0}$(两处)	8	不符一处扣 4 分			
		7	$10^{0}_{-0.03}$	4	不符不得分			
		8	$5^{0}_{-0.03}$(两处)	8	不符一处扣 4 分			
		9	30(四处)	2	不符不得分			
		10	$\phi6mm$ 深 6mm	2	不符不得分			
		11	8.29、9.25、4	3	不符不得分			
		12	R35、R27.5	2	不符不得分			
		13	表面粗糙度	3	升高一级全扣			
程序与工艺 (15分)		14	程序正确、合理等	5	出错一次扣 1 分			
		15	切削用量选择合理	5	出错一次扣 1 分			
		16	加工工艺制定合理	5	出错一次扣 1 分			
机床操作 (15分)		17	机床操作规范	7	出错一次扣 1 分			
		18	刀具、工件装夹	8	出错一次扣 1 分			
工件完整度 (10分)		19	工件无缺陷	10	缺陷一处扣 2 分			
安全文明生产 (倒扣分)		20	安全操作机床	倒扣	出事故停止操作 或酌情扣 5～10 分			
		21	工量具摆放	倒扣	不符规范酌情 扣 5～10 分			
		22	机床整理	倒扣				

六、常见问题解析

（1）设置工件坐标系偏置时，应与编程工件坐标系一致。

（2）设置好各把刀具的长度补偿。

（3）注意刀具半径补偿的合理设定，防止过切。

（4）注意利用刀具半径补偿进行零件轮廓粗精加工时的余量计算。

（5）使用内外测千分尺测量时，注意其读数。

七、巩固训练

完成如图 3-35 所示综合零件二的加工。零件材料为 LY12，毛坯尺寸为 80mm×80mm ×20mm，综合零件二评分表如表 3-78 所列。

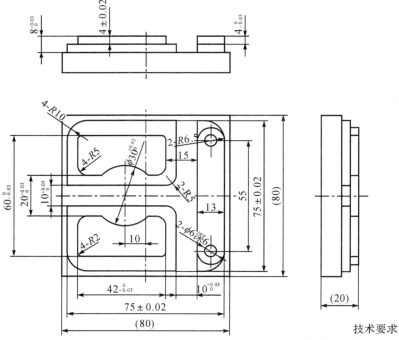

技术要求

1.未注尺寸公差原则按GB/T 4249—2009的要求。
2.零件加工表面上，不应有划痕、擦伤等损伤零件表面的缺陷。
3.去除毛刺飞边。

图 3-35　综合零件二

表 3-78　综合零件二评分表

工件编号(姓名)				总得分			
课题名称		综合零件		加工设备		加工中心	
项目与配分		序号	技术要求	配分	评分标准	检测结果	得分
工件加工质量 (60分)	综合零件轮廓	1	75 ± 0.02	8	不符一处扣4分		
		2	$60_{-0.03}^{0}$	4	不符不得分		
		3	$42_{-0.03}^{0}$	4	不符不得分		
		4	$20_{0}^{+0.03}$	4	不符不得分		
		5	$\phi30_{0}^{+0.03}$	4	不符不得分		
		6	$10_{0}^{+0.03}$(两处)	8	不符一处扣4分		
		7	$8_{0}^{+0.03}$	4	不符不得分		
		8	$4_{-0.03}^{0}$	4	不符不得分		
		9	4 ± 0.02	4	不符不得分		
		10	$\phi6$ 深 6	3	不符不得分		
		11	13,15,55,10	4	不符不得分		
		12	R6.5,R10,R5,R2	6	不符不得分		
		13	表面粗糙度	3	升高一级全扣		
程序与工艺 (15分)		14	程序正确、合理等	5	出错一次扣1分		
		15	切削用量选择合理	5	出错一次扣1分		
		16	加工工艺制定合理	5	出错一次扣1分		
机床操作 (15分)		17	机床操作规范	7	出错一次扣1分		
		18	刀具、工件装夹	8	出错一次扣1分		
工件完整度 (10分)		19	工件无缺陷	10	缺陷一处扣2分		
安全文明生产 (倒扣分)		20	安全操作机床	倒扣	出事故停止操作 或酌情扣5~10分		
		21	工量具摆放	倒扣	不符规范酌情 扣5~10分		
		22	机床整理	倒扣			

🎧 思考与练习

1. 简述刀具半径补偿的方法。

2. 完成图 3-35 所示零件加工程序的编制。

模块四　数控铣削加工典型零件操作技能实训(中级)

知 识 目 标

(1) 掌握数控铣削基本编程指令功能及格式。

(2) 掌握平面铣削、简单型腔铣削以及钻孔的工艺知识及切削用量的选择。

(3) 掌握 FANUC、SINUMERIK、HNC 数控系统及操作面板功能指令。

技 能 目 标

(1) 会独立操作数控铣床(加工中心)。

(2) 会独立编制平面、简单型腔轮廓以及钻孔等加工程序。

(3) 会合理地选择切削用量。

(4) 会选择合适的量具检验零件尺寸精度。

(5) 会简单处理机床操作过程中的报警。

任 务 导 入

通过对数控铣床(加工中心)基本编程指令以及直线、圆弧、内外轮廓等基本加工要素的学习与工程实践后,本模块主要综合学习数控铣削加工典型零件的操作技能实训,掌握数控铣削编程、工艺编排、操作、检测等基本操作技能。

任务一　圆弧台阶类零件加工

一、任务布置

完成如图 4-1 所示圆弧台阶类零件的加工。零件材料为 LY12,毛坯尺寸为 80mm×80mm×20mm(长×宽×高)。

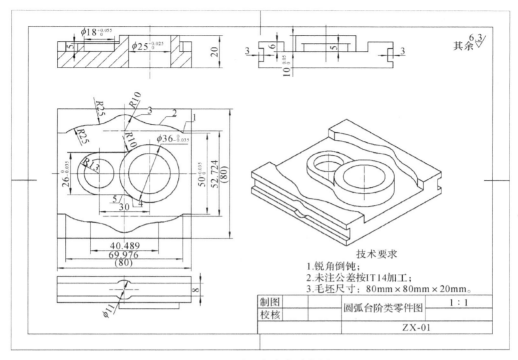

图 4-1　圆弧台阶类零件图

二、技能实训

（一）实训准备

根据工艺方案设计要求以及项目任务要求，给出工具、量具、刃具等准备清单，如表 4-1 所示。

表 4-1　圆弧台阶类零件加工工具、量具、刃具准备清单

分类	序号	名称	尺寸规格（mm）	单位	数量	备注
刀具	1	立铣刀	$\phi16$、$\phi12$、$\phi10$、$\phi8$、$\phi6$	支	各 1	粗、精铣，底刃过中心
	2	中心钻	A2.5	个	1	
	3	麻花钻头	$\phi6$	支	1	
工具系统	4	强力铣刀刀柄	BT40	个	1	相配的弹性套、拉钉
	5	钻夹头及刀柄	BT40（0～13mm）	个	1	相配的弹性套、拉钉
	6	面铣刀及刀柄	BT40	个	1	相配的弹性套、拉钉
工具	7	什锦锉刀	自定	套	1	去毛刺
	8	平行垫铁	自定	副	若干	平口钳深度50mm
量具	9	游标卡尺	0～120 mm	把	1	
	10	外径千分尺	0～100 mm	套	1	
	11	内测千分尺	5～50 mm	套	1	
	12	深度千分尺	0～25 mm	把	1	

（二）质量评价

按照项目评分表对加工零件进行质量评价。评分表如表 4-2 所示。

表 4-2　圆弧台阶类零件加工评分表

姓名			图号	ZX－01	零件编号		
考核项目		考核内容及要求		配分	评分标准	检测结果	得分
主要项目	1	$50^{+0.035}_{0}$		8	超差不得分		
	2	$26^{0}_{-0.035}$		8	超差不得分		
	3	$\phi 36^{0}_{-0.035}$		8	超差不得分		
	4	$\phi 18^{+0.055}_{0}$		8	超差不得分		
	5	$\phi 25^{+0.025}_{0}$		8	超差不得分		
	6	$10^{+0.05}_{0}$		8	超差不得分		
一般项目	7	$R25$(4 处)		4	超差不得分		
	8	$R10$(4 处)		4	超差不得分		
	9	$\phi 11$(2 处)		4	超差不得分		
	10	8(2 处)		4	超差不得分		
	11	3(2 处)		4	超差不得分		
	12	5		2	超差不得分		
	13	6		2	超差不得分		
其他	14	表面粗糙度	$R_a3.2$	2	升高一级扣 1 分,扣完为止		
			$R_a6.3$	6	升高一级扣 1 分,扣完为止		
	15	锐边倒钝		4	1 处没倒钝扣 1 分,扣完为止		
	16	完整性		8	1 处不完整扣 1 分,扣完为止		
	17	安全生产		5	违反有关规定扣 1～5 分		
	18	文明生产		5	违反有关规定扣 1～5 分		
	19	按时完成情况		倒扣分	超时≤15 min:扣 5 分		
					超时 15～30 min:扣 10 分		
					超时＞30min:不计分		
总配分				100	总分		
现场记录							
工时定额			3h	监考		日期	
记录员				考评员		日期	

任务二　圆弧薄壁零件加工

一、任务布置

完成如图 4-2 所示圆弧薄壁类零件的加工。零件材料为 LY12，毛坯尺寸为 80mm×80mm×20mm(长×宽×高)。

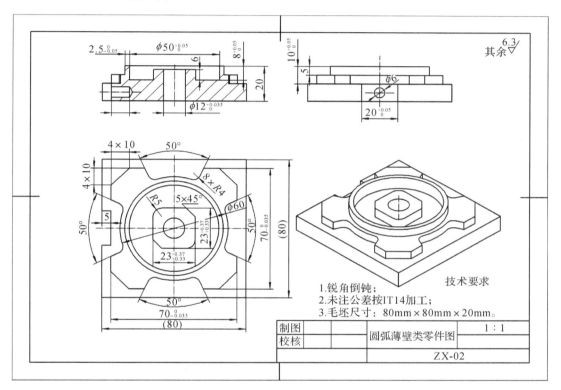

图 4-2　圆弧薄壁类零件图

二、技能实训

(一)实训准备

工具、量具、刃具等准备清单参照表 4-1。

(二)质量评价

按照项目评分表对加工零件进行质量评价。评分表如表 4-3 所示。

表 4-3　圆弧薄壁类零件加工评分表

姓名			图号	ZX－02		零件编号		
考核项目	考核内容及要求		配分	评分标准		检测结果		得分
主要项目	1	$70_{-0.035}^{0}$（两处）	7	超差不得分				
	2	$23_{+0.033}^{+0.037}$（两处）	7	超差不得分				
	3	$\phi 50_{0}^{+0.05}$	7	超差不得分				
	4	$\phi 12_{0}^{+0.05}$	7	超差不得分				
	5	$2.5_{-0.05}^{0}$	7	超差不得分				
	6	$10_{0}^{+0.05}$	7	超差不得分				
	7	$8_{0}^{+0.05}$	7	超差不得分				
	8	$20_{0}^{+0.05}$	7	超差不得分				
一般项目	9	50°（4 处）	4	超差不得分				
	10	$\phi 60$	2	超差不得分				
	11	$R4$（8 处）	3	超差不得分				
	12	$R5$（2 处）	2	超差不得分				
	13	5×45°（2 处）	2	超差不得分				
	14	4×10（8 处）	4	超差不得分				
	15	5（2 处）	2	超差不得分				
	16	$\phi 6$	2	超差不得分				
	17	10	2	超差不得分				
	18	6	1	超差不得分				
其他	19	表面粗糙度	$R_a 3.2$	2	升高一级扣 1 分,扣完为止			
			$R_a 6.3$	6	升高一级扣 1 分,扣完为止			
	20	锐边倒钝		4	1 处没倒钝扣 1 分,扣完为止			
	21	完整性		8	1 处不完整扣 1 分,扣完为止			
	22	安全生产		5	违反有关规定扣 1～5 分			
	23	文明生产		5	违反有关规定扣 1～5 分			
	24	按时完成情况		倒扣分	超时≤15 min:扣 5 分			
					超时 15～30 min:扣 10 分			
					超时＞30min:不计分			
总配分			100	总分				
现场记录								
工时定额		3h	监考				日期	
记录员			考评员				日期	

任务三　型芯板零件加工

一、任务布置

完成如图 4-3 所示型芯板零件的加工。零件材料为 LY12，毛坯尺寸为 80mm×80mm ×20mm（长×宽×高）。

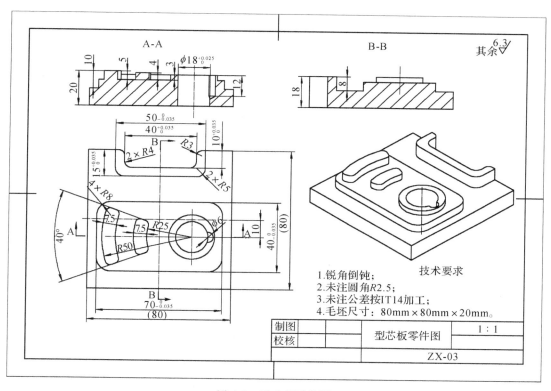

图 4-3　型芯板零件图

二、技能实训

（一）实训准备

工具、量具、刃具等准备清单参照表 4-1。

（二）质量评价

按照项目评分表对加工零件进行质量评价。评分表如表 4-4 所示。

表 4-4　型芯板零件加工评分表

姓名			图号	ZX-03	零件编号		
考核项目		考核内容及要求		配分	评分标准	检测结果	得分
主要项目	1	$70_{-0.035}^{0}$		6	超差不得分		
	2	$40_{-0.035}^{0}$		6	超差不得分		
	3	$50_{-0.035}^{0}$		6	超差不得分		
	4	$40_{0}^{+0.035}$		6	超差不得分		
	5	$15_{0}^{+0.035}$		5	超差不得分		
	6	$10_{0}^{+0.035}$		5	超差不得分		
	7	$\phi18_{0}^{+0.025}$		6	超差不得分		
一般项目	8	$R25$		2	超差不得分		
	9	$R50$		2	超差不得分		
	10	7.5（两处）		2	超差不得分		
	11	$40°$		2	超差不得分		
	12	$R8$（4 处）		4	超差不得分		
	13	$R4$（2 处）		2	超差不得分		
	14	$R5$（2 处）		2	超差不得分		
	15	$\phi6$		2	超差不得分		
	16	3		2	超差不得分		
	17	4		2	超差不得分		
	18	5		2	超差不得分		
	19	8		2	超差不得分		
	20	10		2	超差不得分		
	21	18		2	超差不得分		
其他	22	表面粗糙度	$R_a3.2$	2	升高一级扣 1 分，扣完为止		
			$R_a6.3$	6	升高一级扣 1 分，扣完为止		
	23	锐边倒钝		4	1 处没倒钝扣 1 分，扣完为止		
	24	完整性		8	1 处不完整扣 1 分，扣完为止		
	25	安全生产		5	违反有关规定扣 1~5 分		
	26	文明生产		5	违反有关规定扣 1~5 分		
	27	按时完成情况		倒扣分	超时≤15 min:扣 5 分		
					超时 15~30 min:扣 10 分		
					超时＞30min:不计分		
总配分				100	总分		
现场记录							
工时定额		3h		监考		日期	
记录员				考评员		日期	

任务四　圆类正反零件加工

一、任务布置

完成如图 4-4 所示圆类正反零件的加工。零件材料为 LY12,毛坯尺寸为 80mm×80mm×20mm(长×宽×高)。

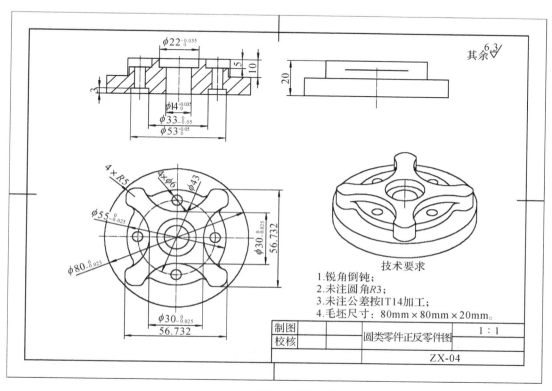

图 4-4　圆类正反零件图

二、技能实训

（一）实训准备

工具、量具、刃具等准备清单参照表 4-1。

（二）质量评价

按照项目评分表对加工零件进行质量评价。评分表如表 4-5 所示。

表 4-5 圆类正反零件加工评分表

姓名			图号	ZX-04		零件编号			
考核项目		考核内容及要求		配分		评分标准		检测结果	得分
主要项目	1	$\phi 80_{-0.025}^{0}$		7		超差不得分			
	2	$\phi 55_{-0.025}^{0}$		7		超差不得分			
	3	$30_{-0.025}^{0}$（2处）		8		超差不得分			
	4	$\phi 22_{0}^{+0.035}$		7		超差不得分			
	5	$\phi 14_{0}^{+0.035}$		7		超差不得分			
	6	$\phi 33_{-0.05}^{0}$		7		超差不得分			
	7	$\phi 55_{0}^{+0.05}$		7		超差不得分			
一般项目	8	56.732（2处）		4		超差不得分			
	9	$\phi 43$		2		超差不得分			
	10	$\phi 6$（4处）		4		超差不得分			
	11	$R5$（4处）		4		超差不得分			
	12	3		2		超差不得分			
	13	5		2		超差不得分			
	14	10		2		超差不得分			
其他	15	表面粗糙度	$Ra3.2$	2		升高一级扣1分,扣完为止			
			$Ra6.3$	6		升高一级扣1分,扣完为止			
	16	锐边倒钝		4		1处没倒钝扣1分,扣完为止			
	17	完整性		8		1处不完整扣1分,扣完为止			
	18	安全生产		5		违反有关规定扣1~5分			
	19	文明生产		5		违反有关规定扣1~5分			
	20	按时完成情况		倒扣分		超时≤15 min:扣5分			
						超时15~30 min:扣10分			
						超时>30min:不计分			
总配分				100		总分			
现场记录									
工时定额		3h		监考				日期	
记录员				考评员				日期	

任务五　偏心花键零件加工

一、任务布置

完成如图 4-5 所示偏心花键零件的加工。零件材料为 LY12，毛坯尺寸为 80mm×80mm×20mm（长×宽×高）。

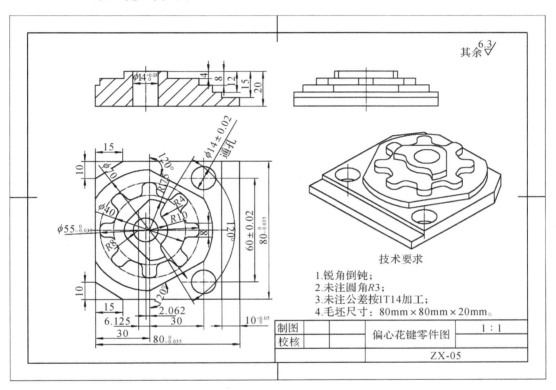

图 4-5　偏心花键零件图

二、技能实训

（一）实训准备

工具、量具、刀具等准备清单参照表 4-1。

（二）质量评价

按照项目评分表对加工零件进行质量评价。评分表如表 4-6 所示。

表 4-6　偏心花键零件加工评分表

姓名		图号	ZX-05	零件编号			
考核项目		考核内容及要求	配分	评分标准		检测结果	得分
主要项目	1	$80_{-0.035}^{0}$	6	超差不得分			
	2	60 ± 0.02	6	超差不得分			
	3	$\phi14\pm0.02(2处)$	6	超差不得分			
	4	$\phi14_{0}^{+0.03}$	6	超差不得分			
	5	$\phi55_{-0.035}^{0}$	6	超差不得分			
	6	$10_{0}^{+0.05}$	6	超差不得分			
一般项目	7	15(2分)	2	超差不得分			
	8	10(2处)	2	超差不得分			
	9	30(2处)	2	超差不得分			
	10	120°(3处)	2	超差不得分			
	11	$\phi40$	2	超差不得分			
	12	8(8处)	2	超差不得分			
	13	$R17.5$	2	超差不得分			
	14	$R8$	2	超差不得分			
	15	$R10$	2	超差不得分			
	16	$R4(2处)$	2	超差不得分			
	17	4	2	超差不得分			
	18	8	2	超差不得分			
	19	12	2	超差不得分			
	20	15	2	超差不得分			
	21	6.125	2	超差不得分			
	22	2.062	2	超差不得分			
	23	未注圆角$R3$	2	超差不得分			

其他	24	表面粗糙度	$R_a3.2$	2	升高一级扣1分,扣完为止		
			$R_a6.3$	6	升高一级扣1分,扣完为止		
	25	锐边倒钝		4	1处没倒钝扣1分,扣完为止		
	26	完整性		8	1处不完整扣1分,扣完为止		
	27	安全生产		5	违反有关规定扣1~5分		
	28	文明生产		5	违反有关规定扣1~5分		
	29	按时完成情况		倒扣分	超时≤15 min:扣5分		
					超时15~30 min:扣10分		
					超时>30min:不计分		

总配分		100	总分		
现场记录					
工时定额	3h	监考		日期	
记录员		考评员		日期	

任务六　正八边形薄壁零件加工

一、任务布置

完成如图4-6所示正八边形薄壁零件的加工。零件材料为LY12,毛坯尺寸为80mm×80mm×30mm(长×宽×高)。

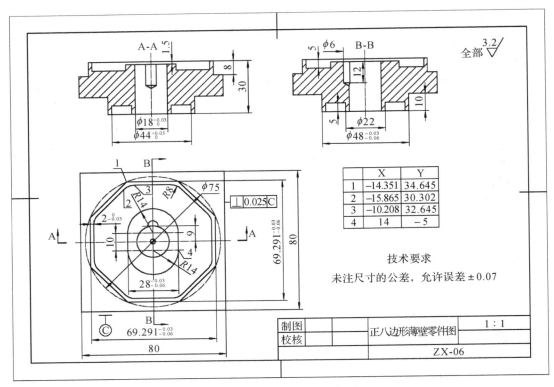

图 4-6　正八边形薄壁零件图

一、技能实训

（一）实训准备

工具、量具、刃具等准备清单参照表 4-1。

（二）质量评价

按照项目评分表对加工零件进行质量评价。评分表如表 4-7 所示。

表 4-7　正八边形薄壁零件加工评分表

姓名		图号	ZX－06	零件编号		
考核项目	考核内容及要求	配分		评分标准	检测结果	得分
主要项目	1	$69.291_{-0.06}^{-0.03}$（2 处）	7	超差不得分		
	2	$28_{-0.06}^{-0.03}$	7	超差不得分		
	3	$1_{-0.03}^{0}$	7	超差不得分		
	4	$\phi18_{0}^{+0.03}$	7	超差不得分		
	5	$\phi44_{0}^{+0.03}$	7	超差不得分		
	6	$\phi48_{-0.05}^{-0.03}$	6	超差不得分		

	7	80(2 处)	4	超差不得分		
一般项目	8	$\phi 75$	2	超差不得分		
	9	$R14$(2 处)	2	超差不得分		
	10	$R8$(8 处)	2	超差不得分		
	11	$\phi 22$	2	超差不得分		
	12	$\phi 6$	2	超差不得分		
	13	1.5	2	超差不得分		
	14	8	2	超差不得分		
	15	5(2 处)	2	超差不得分		
	16	8	2	超差不得分		
	17	12	2	超差不得分		
	18	⊥ 0.025 C	5	超差不得分		
其他	19	表面粗糙度 $R_a 3.2$	2	升高一级扣 1 分,扣完为止		
		$R_a 6.3$	6	升高一级扣 1 分,扣完为止		
	20	锐边倒钝	4	1 处没倒钝扣 1 分,扣完为止		
	21	完整性	8	1 处不完整扣 1 分,扣完为止		
	22	安全生产	5	违反有关规定扣 1~5 分		
	23	文明生产	5	违反有关规定扣 1~5 分		
	24	按时完成情况	倒扣分	超时≤15 min:扣 5 分		
				超时 15~30 min:扣 10 分		
				超时>30min:不计分		
总配分			100	总分		
现场记录						
工时定额		3h	监考		日期	
记录员			考评员		日期	

任务七　正五边形偏心零件加工

一、任务布置

完成如图 4-7 所示正五边形偏心零件的加工。零件材料为 LY12,毛坯尺寸为 80mm×80mm×30mm(长×宽×高)。

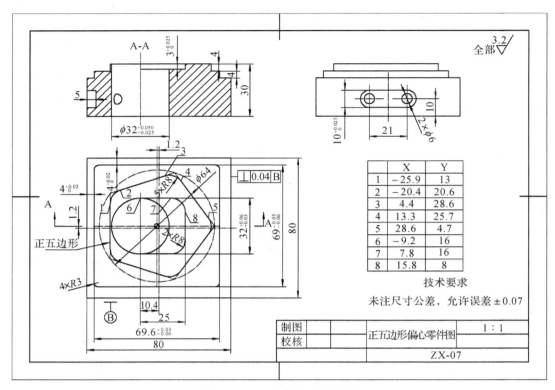

技术要求

未注尺寸公差，允许误差 ± 0.07

	X	Y
1	-25.9	13
2	-20.4	20.6
3	4.4	28.6
4	13.3	25.7
5	28.6	4.7
6	-9.2	16
7	7.8	16
8	15.8	8

制图		正五边形偏心零件图	1：1
校核			
			ZX-07

图 4-7　正五边形偏心零件图

二、技能实训

（一）实训准备

工具、量具、刃具等准备清单参照表 4-1。

（二）质量评价

按照项目评分表对加工零件进行质量评价。评分表如表 4-8 所示。

表 4-8　正五边形偏心零件加工评分表

姓名			图号	ZX－07	零件编号		
考核项目		考核内容及要求	配分		评分标准	检测结果	得分
主要项目	1	$69.6_{-0.06}^{-0.03}$（2 处）	6		超差不得分		
	2	$4_{0}^{+0.02}$（2 处）	6		超差不得分		
	3	$32_{+0.03}^{+0.06}$	6		超差不得分		
	4	$\phi 32_{+0.025}^{+0.050}$	6		超差不得分		
	5	$3_{0}^{+0.035}$	3		超差不得分		
	6	$4_{0}^{+0.02}$	6		超差不得分		
	7	$10_{0}^{+0.025}$	4		超差不得分		

	8	80(2 处)		2	超差不得分		
一般项目	9	正五边形		5	超差不得分		
	10	R8(7 处)		3	超差不得分		
	11	1.2(2 处)		2	超差不得分		
	12	R3(4 处)		2	超差不得分		
	13	10.4		2	超差不得分		
	14	25		2	超差不得分		
	15	4(2 处)		2	超差不得分		
	16	10		2	超差不得分		
	17	21		2	超差不得分		
	18	$\phi6$(2 处)		2	超差不得分		
	19	5		2	超差不得分		
	20	⊥ 0.04 B		5	超差不得分		
其他	21	表面粗糙度	$R_a3.2$	2	升高一级扣 1 分,扣完为止		
			$R_a6.3$	6	升高一级扣 1 分,扣完为止		
	22	锐边倒钝		4	1 处没倒钝扣 1 分,扣完为止		
	23	完整性		8	1 处不完整扣 1 分,扣完为止		
	24	安全生产		5	违反有关规定扣 1~5 分		
	25	文明生产		5	违反有关规定扣 1~5 分		
	26	按时完成情况		倒扣分	超时≤15 min:扣 5 分		
					超时 15~30 min:扣 10 分		
					超时>30min:不计分		
总配分				100	总分		

现场记录		

工时定额	3h	监考		日期	
记录员		考评员		日期	

任务八 正反薄壁零件加工

一、任务布置

完成如图 4-8 所示正反薄壁零件的加工。零件材料为 LY12，毛坯尺寸为 80mm×80mm×30mm（长×宽×高）。

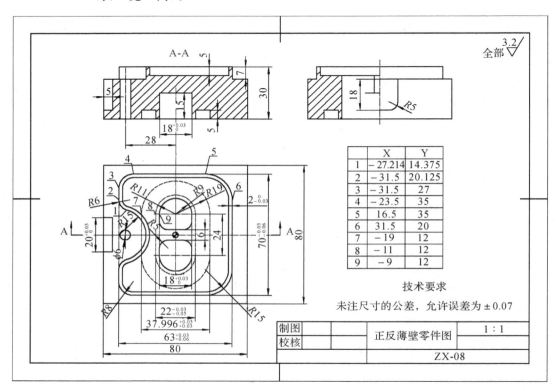

图 4-8 正反薄壁零件图

二、技能实训

（一）实训准备

工具、量具、刃具等准备清单参照表 4-1。

（二）质量评价

按照项目评分表对加工零件进行质量评价。评分表如表 4-9 所示。

表 4-9　正反薄壁零件加工评分表

姓名			图号	ZX-08		零件编号		
考核项目	考核内容及要求		配分	评分标准			检测结果	得分
主要项目	1	$63^{-0.03}_{-0.06}$	6	超差不得分				
	2	$70^{-0.03}_{-0.06}$	6	超差不得分				
	3	$22^{-0.03}_{-0.05}$	6	超差不得分				
	4	$37.996^{+0.05}_{+0.03}$	6	超差不得分				
	5	$18^{+0.03}_{0}(2 处)$	6	超差不得分				
	6	$20^{+0.03}_{0}$	6	超差不得分				
	7	$2^{0}_{-0.03}$	6	超差不得分				
一般项目	8	80(2 处)	4	超差不得分				
	9	R8(2 处)	2	超差不得分				
	10	R15(3 处)	2	超差不得分				
	11	R6(2 处)	2	超差不得分				
	12	R11(2 处)	2	超差不得分				
	13	R19(2 处)	2	超差不得分				
	14	R9(2 处)	2	超差不得分				
	15	R5(2 处)	2	超差不得分				
	16	$\phi 6$	2	超差不得分				
	17	5(3 处)	2	超差不得分				
	18	7	2	超差不得分				
	19	18	2	超差不得分				
	20	28	2	超差不得分				
其他	21	表面粗糙度	$R_a3.2$	2	升高一级扣 1 分,扣完为止			
			$R_a6.3$	6	升高一级扣 1 分,扣完为止			
	22	锐边倒钝		4	1 处没倒钝扣 1 分,扣完为止			
	23	完整性		8	1 处不完整扣 1 分,扣完为止			
	24	安全生产		5	违反有关规定扣 1~5 分			
	25	文明生产		5	违反有关规定扣 1~5 分			
	26	按时完成情况		倒扣分	超时≤15 min:扣 5 分			
					超时 15~30 min:扣 10 分			
					超时>30min:不计分			
总配分			100	总分				
现场记录								
工时定额	3h		监考				日期	
记录员			考评员				日期	

下篇

高职部分

模块五　数控铣床(加工中心)精度检验与日常保养操作技能实训

![knowledge icon] 知 识 目 标

(1) 掌握公差的基本概念。
(2) 掌握形位公差的基本知识。
(3) 熟悉数控设备维护管理的基本要求。
(4) 掌握数控铣床及加工中心的安全操作规程。

![skill icon] 技 能 目 标

(1) 会利用检测工件对数控铣床进行几何精度检验。
(2) 会进行数控铣床切削精度的检测。
(3) 会进行数控系统的日常维护。
(4) 会进行数控铣床的一般保养。

![task icon] 任 务 导 入

几何精度检验是数控机床验收的重要组成部分,几何精度的高低直接决定了机床加工精度的高低。而数控机床的使用寿命和效率高低,不仅取决于机床本身的精度和性能,很大程度上也取决于它的正确使用及维护保养。本模块主要通过学习数控铣床(加工中心)的几何精度测量的基本操作技能,能对数控机床进行基本调试、维护、保养等操作,防止机床非正常磨损,确保机床精度、延长机床使用寿命,从而保障机床安全运行。

任务一　精度检验操作技能实训

一、任务布置

完成数控铣床(加工中心)机床水平调整、工作台的平面度、主轴锥孔的径向圆跳动、主轴轴线对工作台面的垂直度、工作台进给轴方向移动对工作台面的平行度、工作台 X 轴方

179

向对 Y 轴方向移动的工作垂直度等基本几何精度的检验。

【知识目标】

（1）熟悉公差的基本概念。
（2）掌握形位公差的基本知识。

【技能目标】

（1）会使用各种基本检验工具。
（2）会利用各种检验工具对数控铣床（加工中心）的几何精度进行测量。

二、知识链接

（一）公差基本概念

公差是限制尺寸、形状、位置和位移所不能超过的变动量，包括尺寸公差、形状公差、位置公差等。对于机械制造来说，制定公差的目的就是为了确定产品的几何参数，使其变动量在一定的范围之内，以便达到互换或配合的要求。

1. 尺寸公差

允许尺寸的变动量，等于最大极限尺寸与最小极限尺寸代数差的绝对值。

2. 位置公差

关联实际要素的位置对基准所允许的变动全量，它限制零件的两个或两个以上的点、线、面之间的相互位置关系，包括平行度、垂直度、倾斜度、同轴度、对称度、位置度、圆跳动和全跳动 8 个项目。公差表示了零件的制造精度要求，反映了其加工难易程度。

3. 形状公差

单一实际要素的形状所允许的变动全量，包括直线度、平面度、圆度、圆柱度、线轮廓度和面轮廓度 6 个项目。

（1）直线度

限制实际直线对理想直线变动量的一种形状公差。由形状（理想包容形状）、大小（公差值）、方向、位置四个要素组成。用于限制一个平面内的直线形状偏差，限制空间直线在某一方向上的形状偏差，如图 5-1 所示；限制空间直线在任一方向上的形状偏差，如图 5-2 所示。

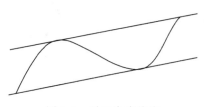

图 5-1　平面内直线度

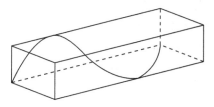

图 5-2　空间内直线度

（2）平面度

平面度测量的是被测实际表面对其理想平面的变动量。平面度误差是将被测实际表面与理想平面进行比较，两者之间的线值距离即为平面度误差值；或通过测量实际表面上若干点的相对高度差,再换算以线值表示的平面度误差值。

在规定的测量范围内,当所有点被包含在与该平面的总方向平行并相距给定值的两个平面内时,则认为该平面是平的。确定平面或代表的面的总方向,是为获得平面度的最小偏差。

（3）平行度

平行度指两平面或者两直线平行的程度,指一平面（边）相对于另一平面（边）平行的误差最大允许值。

平行度评价直线之间、平面之间或直线与平面之间的平行状态。其中一条直线或一个平面是评价基准,而直线可以是被测样品的直线部分或直线运动轨迹,平面可以是被测样品的平面部分或运动轨迹形成的平面。

（4）垂直度

垂直度用符号⊥表示。垂直度评价直线之间、平面之间或直线与平面之间的垂直状态。其中一条直线或一个平面是评价基准,而直线可以是被测样品的直线部分或直线运动轨迹,平面可以是被测样品的平面部分或运动轨迹形成的平面。

垂直度公差:当以平面为基准时,若被测要素为平面,则其垂直度公差带的宽度为垂直度的公差值。当被测要素为直线轴时,垂直度的公差值表示轴与平面所成角度与90度做差,产生的公差百分比。垂直度量测用量角器或垂直度量测仪。

（二）检测工具

1. 条式水平仪

条式水平仪如图 5-3 所示。主要用于检验各种机床及其他设备的平直度。条式水平仪由作为工作平面的 V 形底平面和与工作平面平行的水准器组成。当水平仪的底平面放在准确的水平位置时,水准器内的气泡正好在中间位置（即水平位置）。在水准器玻璃管内气泡两端刻线为零线的两边,刻有不少于 8 格的刻度,刻线间距为 2mm,当水平仪的底面与水平位置有微小的差别时,也就是水平仪底平面的两端有高低时,水准器内气泡由于地心引力的作用总是往水准器的最高一侧移动,这就是水平仪的使用原理。两端高低相差不多时,气泡移动也不多;两端高低相差较大时,气泡移动也较大,在水准器的刻度上就可读出两端高低的差值。

图 5-3　条式水平仪

图 5-4　平尺

2. 平尺

平尺如图 5-4 所示。它是具有精确平面的尺形量规,用于以着色法、指示表法检修平板、长导轨等的平面度，也常用于以光隙法检修工件棱边的直线度。平尺一般用优质铸铁制造，矩形平尺也有用轴承钢或花岗石制造的。花岗大理石平尺主要用于机床检验中检验工件的不平度和不直度。

3. 量块

量块如图 5-5 所示。它是由两个相互平行的测量面之间的距离来确定其工作长度的高精度量具，其长度为计量器具的长度标准，通过对计量仪器、量具和量规等示值误差的检定等方式，使机械加工中各种制成品的尺寸能够溯源到长度基准。

图 5-5　量块

图 5-6　机床检验棒

4. 机床检验棒

机床检验棒如图 5-6 所示。它是机床制造及修理工作中的常备工具，主要用来检查主轴套筒类零部件的径向圆跳动、轴向窜动、同轴度、平行度及其与导轨的平行度等精度项目，常用的有带标准锥柄检验棒、圆柱机床检验棒、专用检验棒三种。机床检验棒用工具钢制造，经过热处理及精密加工，结构上有足够的刚性。

5. 角尺

角尺如图 5-7 所示。它用于检测工件的垂直度及工件相对位置的垂直度，有时也用于画线。适用于机床、机械设备及零部件的垂直度检验、安装加工定位、画线等，是机械行业中的重要测量工具。

图 5-7　角尺

图 5-8　方尺

6. 方尺

方尺如图 5-8 所示。它具有垂直平行的框式组合,适用于高精度机械和仪器检验及机床之间不垂直度的检查,是用来检查各种机床内部件之间不垂直度的重要工具。

7. 杠杆千分表

杠杆千分表如图 5-9 所示。它适用于测量工件几何形状和相互位置正确性,并可用于对小尺寸工件用绝对法进行测量和对大尺寸工件用相对法进行测量。由于杠杆千分表体积小,测量头可回转 180 度,因此适宜于测量一般测微仪表难于达到的工件,如内孔径向跳动、端面跳动、键槽、导轨的相互位置误差等。

图 5-9　杠杆千分表

三、技能实训

在对数控机床进行调试、几何精度检验时,应注意以下几点:

(1)检测时,机床的基座应已完全固化。

(2)检测时要尽量减小检测工具与检测方法的误差。

(3)应按照相关的国家标准,先接通机床电源对机床进行预热,并让机床沿各坐标轴往复运动数次,使主轴以中速运行数分钟后再进行。

(4)数控机床几何精度一般比普通机床高。普通机床用的检具、量具,往往因自身精度低,满足不了检测要求。而检测工具的精度等级要求比被测对象的几何精度高一级。

(5)几何精度必须在机床精调试后一次完成,不得调一项测一项,因为有些几何精度是相互联系与影响的。

(6)对大型数控机床还应实施负荷试验,以检验机床是否达到设计承载能力;在负荷状态下各机构是否正常工作;机床的工作平稳性、准确性、可靠性是否达标。

1. 机床水平检验

(1)检验工具

机床水平检验工具如表 5-1 所列。

表 5-1　机床水平检验工具

序号	名称	数量	规　格
1	条式水平仪	1只	200mm,0.02mm/1000mm
2	软布	若干	/
3	扳手	1套	梅花开口两用扳手套装

(2)检验方法

机床调平如图 5-10 所示,具体步骤如下:

1)将工作台置于导轨行程的中间。

2)用软布擦拭工作台,将两个水平仪分别沿 X 和 Y 坐标轴置于工作台中央。

3）用扳手调整机床垫铁高度，使水平仪水泡处于读数中间位置。

4）分别沿 X 和 Y 坐标轴全行程移动工作台，观察水平仪读数的变化，调整机床垫铁的高度，使工作台沿 X 和 Y 坐标轴全行程移动时水平仪读数的变化范围小于两格，且读数处于中间位置即可。

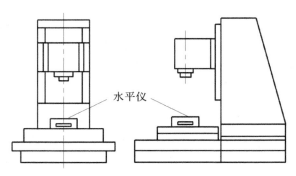

水平仪

图 5-10　机床调平示意图

2．工作台面的平面度检验

（1）检验工具

工作台面的平面度检验工具如表 5-2 所列。

表 5-2　工作台面的平面度检验工具

序号	名　称	数	规　格
1	杠杆千分表	1 只	0～0.2mm，0.002mm
2	平尺	2 条	400mm，1000mm，0 级
3	可调量块	1 套	标准量块，0 级
4	等高量块	3 对	/
5	精密水平仪	1 只	200mm，0.02mm/1000mm
6	软布	若干	/

（2）检验方法

平尺测量平面度检验如图 5-11 所示，具体步骤如下：

1）工作台置于其纵向和横向行程的中间位置。

2）用软布擦拭工作台，按规定在工作台面的 A、B、C 等高量块上放一平尺，在 E 点上放一可调量块，使其与平尺下表面接触。

3）用同样方法分别确定 H、G 点可调量块高度。

4）按规定方向放置平尺，用指示器测量平尺检验面与工作台面间的距离。

5）误差以杠杆千分表度数的最大差值计。

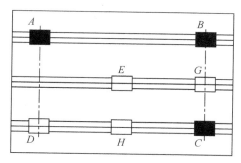

图 5-11　平尺测量平面度检验示意图

3. 主轴锥孔轴线的径向圆跳动检验

（1）检验工具

主轴锥孔轴线的径向圆跳动检验工具如表 5-3 所列。

表 5-3　主轴锥孔轴线的径向圆跳动检验工具

序号	名　称	数量	规　　格
1	机床检验棒	1 根	7：24,ISO 4 号×300mm
2	杠杆千分表	1 只	0～0.2mm,0.002mm
3	磁性表座	1 只	CZ－6A/WCZ－6B
4	软布	若干	/

（2）检验方法

主轴锥孔轴线径向圆跳动检验如图 5-12 所示,具体步骤如下：

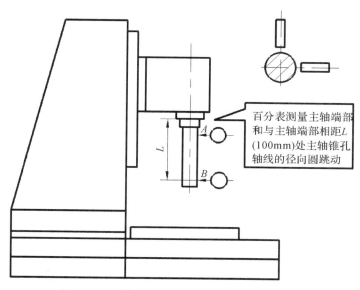

百分表测量主轴端部和与主轴端部相距 L（100mm）处主轴锥孔轴线的径向圆跳动

图 5-12　主轴锥孔轴线径向圆跳动检验示意图

1）先用软布擦拭主轴锥孔和检验棒。

2）再将检验棒插在主轴锥孔内。

3）杠杆千分表安装在机床固定部件上，杠杆千分表测头垂直触及被测表面。

4）旋转主轴，记录杠杆千分表的最大读数差值，在 A、B 处分别测量。

5）标记检验棒与主轴的圆周方向的相对位置，取下检验棒，同向分别旋转 90°、180°、270°后重新插入主轴锥孔，在每个位置上分别检测。

6）取 3 次检测的平均值作为主轴锥孔轴线的径向圆跳动误差。

4. 主轴轴线对工作台面的垂直度检验

（1）检验工具

主轴轴线对工作台面的垂直度检验工具如表 5-4 所列。

表 5-4 主轴轴线对工作台面的垂直度检验工具

序号	名称	数量	规　格
1	平尺	1 条	400mm，1000mm，0 级
2	杠杆千分表	1 只	0～0.2mm，0.002mm
3	等高量块	1 对	/
4	软布	若干	/

（2）检验方法

主轴轴线对工作台面的垂直度检验如图 5-13 所示，具体步骤如下：

1）将主轴箱、工作台置于行程的中间位置并锁紧。

2）用软布擦拭工作台表面，在工作台面上放两等高量块，量块上放一平尺。

3）将带有杠杆千分表的表架装在主轴上，并将杠杆千分表的测头调至平行于主轴轴线，被测平面与基准面之间的平行度偏差可以通过杠杆千分表测头在被测面上摆动的检查方法测得。

4）主轴旋转一周，杠杆千分表读数的最大差值即为垂直度偏差。

5）分别在横向平面和纵向平面内记录杠杆千分表在相隔 180°的两个位置上的最大读数差值。

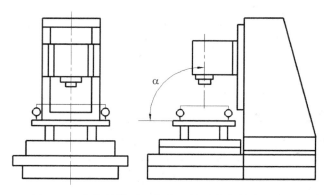

图 5-13 主轴轴线对工作台面的垂直度检验示意图

5. 主轴箱垂直移动对工作台面的垂直度检验

（1）检验工具

主轴箱垂直移动对工作台的垂直度检验工具如表 5-5 所列。

表 5-5　主轴箱垂直移动对工作台面的垂直度检验工具

序号	名称	数量	规　格
1	等高量块	1 对	/
2	杠杆千分表	1 只	$0\sim0.2$mm，0.002mm
3	磁性表座	1 只	CZ-6A/WCZ-6B
4	平尺	1 条	400mm，1000mm，0 级
5	角尺	1 块	250mm×160mm×40mm，0 级
6	软布	若干	/

（2）检验方法

主轴箱垂直移动对工作台的垂直度检验如图 5-14 所示，具体步骤如下：

1）先用软布擦拭工作台表面，然后将等高量块沿 Y 轴方向放在工作台上，平尺置于等高量块上，将角尺置于平尺上（在 $Y-Z$ 平面内）。

2）杠杆千分表固定在主轴箱上，杠杆千分表测头垂直触及角尺，移动主轴箱，记录杠杆千分表读数及方向，其读数最大差值即为在纵向平面内主轴箱垂直移动对工作台面的垂直度误差。

3）同理，将等高量块、平尺、角尺置于 $X-Z$ 平面内重新测量一次，杠杆千分表读数最大差值即为在横向平面内主轴箱垂直移动对工作台面的垂直度误差。

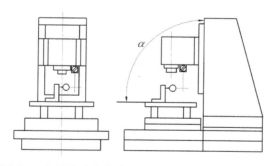

图 5-14　主轴箱垂直移动对工作台的垂直度检验示意图

6. 工作台 X 轴方向或 Y 轴方向移动对工作台面的平行度检验

（1）检验工具

工作台 X 轴方向或 Y 轴方向移动对工作台面的平行度检验工具如表 5-6 所列。

表5-6   工作台 *X* 轴、*Y* 轴进给轴方向移动对工作台面的平行度检验工具

序号	名称	数量	规　格
1	等高量块	1套	/
2	平尺	1块	400mm,1000mm,0 级
3	杠杆千分表	1只	0～0.2mm,0.002mm
4	磁性表座	1只	CZ－6A/WCZ－6B
5	软布	若干	/

（2）检验方法

工作台 *X* 轴方向或 *Y* 轴方向移动对工作台面的平行度检验如图5-15所示,具体步骤如下：

1）先用软布擦拭工作台表面,然后将等高量块沿 *Y* 轴方向放在工作台上,平尺置于等高量块上。

2）使杠杆千分表测头垂直触及平尺,沿 *Y* 轴方向移动工作台,记录杠杆千分表,其读数最大差值即为工作台 *Y* 轴方向移动对工作台面的平行度误差。

3）将等高量块沿 *X* 轴方向放在工作台上,沿 *X* 轴方向移动工作台,重复测量一次,其读数最大差值即为工作台 *X* 轴方向移动对工作台面的平行度误差。

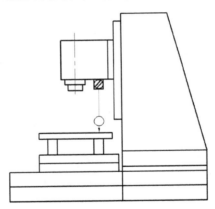

图5-15   工作台 *X* 轴、*Y* 轴方向移动对工作台面平行度检验示意图

7. 工作台 *X* 轴方向移动对工作台基准(T形槽)的平行度检验

（1）检验工具

工作台 *X* 轴方向移动对工作台基准(T形槽)的平行度检验工具如表5-7所列。

表5-7   工作台 *X* 轴方向移动对工作台基准(T形槽)的平行度检验工具表

序号	名称	数量	规　格
1	杠杆千分表	1只	0～0.2mm,0.002mm
2	磁性表座	1只	CZ－6A/WCZ－6B
3	软布	若干	/

(2)检验方法

工作台 X 轴方向移动对工作台面基准(T形槽)的平行度检验如图 5-16 所示,具体步骤如下:

1)先用软布擦拭工作台 T 形槽,把杠杆千分表固定在主轴箱上。

2)使杠杆千分表测头垂直触及基准(T 形槽)。

3)X 轴方向移动工作台,记录杠杆千分表读数,其读数最大差值即为工作台沿 X 轴方向移动对工作台面基准(T 形槽)的平行度误差。

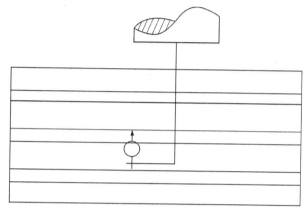

图 5-16 工作台 X 轴方向移动对工作台面基准(T 形槽)的平行度检验示意图

8. 工作台 X 轴方向移动对 Y 轴方向移动的工作垂直度检验

(1)检验工具

工作台 X 轴方向移动对 Y 轴方向移动的工作垂直度检验工具如表 5-8 所列。

表 5-8 工作台 X 轴方向移动对 Y 轴方向移动的工作垂直度检验工具

序号	名称	数量	规 格
1	方尺	1块	400×400,大理石,0 级
2	杠杆千分表	1只	$0 \sim 0.2$mm,0.002mm
3	磁性表座	1只	CZ－6A/WCZ－6B
4	软布	若干	/

(2)检验方法

工作台 X 轴方向移动对 Y 轴方向移动的工作垂直度检验如图 5-17 所示,具体步骤如下:

(1)工作台处于行程的中间位置。

(2)用软布擦拭工作台,将方尺置于工作台上。

(3)把杠杆千分表固定在主轴箱上。

(4)使杠杆千分表测头垂直触及角尺(X 轴方向),Y 轴方向移动工作台,调整角尺位置,使角尺的一个边与 X 轴轴线平行。

(5)将杠杆千分表测头垂直触及角尺另一边(Y 轴方向),Y 轴方向移动工作台,记录杠杆千分表读数,其读数的最大差值即为工作台 Y 轴方向移动对 X 轴方向移动的工作垂直度误差。

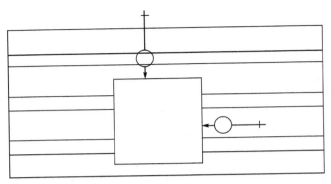

图 5-17　工作台 X 轴方向移动对 Y 轴方向
移动的工作垂直度检验示意图

思考与练习

1. 公差的基本概念是什么？

2. 形位公差包括哪些？

3. 完成下列各项检测项目的测量，结果记入数控铣床（加工中心）精度检测数据记录表，如表 5-9 所示。

表 5-9　数控铣床精度检测数据记录表

机床型号	机床编号	环境温度	检验人	实验日期	
序号	检验项目		允许偏差(mm)	检验工具	实测(mm)
1	机床调平		0.06/1000		
2	工作台的平面度		0.08/全长		
3	靠近主轴端部主轴锥孔轴线的径向跳动		0.01		
	距主轴端部 L 处($L=100$mm)主轴锥孔轴线的径向跳动		0.02		
4	$Y-Z$ 平面内主轴轴线对工作台面的垂直度		0.05/300($a\leqslant90°$)		
	$X-Z$ 平面内主轴轴线对工作台面的垂直度		0.05/300($a\leqslant90°$)		

5	$Y-Z$ 平面内主轴箱垂直移动对工作平台的垂直度	$0.05/300(a\leqslant 90°)$		
	$X-Z$ 平面内主轴箱垂直移动对工作平台的垂直度	$0.05/300(a\leqslant 90°)$		
6	工作台 X 轴方向移动对工作台面的平行度	$0.04/300(a\leqslant 90°)$		
	工作台 Y 轴方向移动对工作台面的平行度	$0.04/300(a\leqslant 90°)$		
7	工作台 X 轴方向移动对工作台面基准(T形槽)的平行度	$0.03/300$		
8	工作台 X 轴方向移动对 Y 轴方向移动的工作垂直度	$0.04/300$		

任务二　基本维护与保养操作技能实训

一、任务布置

完成数控系统的日常维护,会进行数控铣床(加工中心)的不定期点检、定期点检,包括日常点检、月检查、半年检查,会根据数控机床维护保养工艺卡做好数控铣床(加工中心)的一级、二级、三级保养工作。

【知识目标】

(1)熟悉数控设备维护管理的基本要求。

(2)掌握数控铣床及加工中心的安全操作规程。

【技能目标】

(1)会进行数控系统的日常维护。

(2)会进行数控铣床(加工中心)的日常检查。

(3)会进行数控铣床(加工中心)的一级、二级、三级保养工作。

二、知识链接

(一)数控设备维护管理的基本要求

数控设备维护的基本要求如下:

(1)安全性。严格实行定人定机和交接班制度;操作者必须熟悉数控机床结构,遵守操作维护规程,合理使用,精心维护,监测异常,不出事故;各种安全防护装置齐全可靠,控制系统正常，接地良好，无事故隐患。

（2）灵活性。为保证部件灵活性，必须按数控机床润滑标准，定时定量加油、换油；油质要符合要求；油壶、油枪、油杯、油嘴齐全；油毡、油线清洁，油标明亮，油路畅通。

（3）完整性。数控机床的零部件齐全；工具、附件、工件放置整齐；线路、管道完整。

（4）洁净性。数控机床内外清洁、无黄斑、无油污、无锈蚀；各滑动面、丝杠、齿条、齿轮等处无油垢、无碰伤；各部位不漏洞、不漏水、不漏电；切削垃圾清扫干净。

（二）数控系统日常维护

数控系统日常维护如表 5-10 所示。

表 5-10　数控系统的日常维护

日常维护项目	说　　明
机床电气柜的散热通风	1. 通常安装于电柜门上的热交换器或轴流风扇，能对电控柜的内外进行空气循环，促使电控柜内的发热装置或元器件进行散热 2. 定期检查控制柜上的热交换器或轴流风扇的工作状况，定期清洗防尘装置，以免风道堵塞。否则会引起柜内温度过高而使系统不能可靠运行，甚至引起过热报警
尽量少开电气控制柜门	1. 车间飘浮的灰尘、油雾和金属粉末落在电气柜上，容易造成元器件间绝缘下降，从而出现故障 2. 除了定期维护和维修外，平时应尽量少开电气控制柜门
每天检查数控柜电气柜	1. 查看各电器柜冷却风扇工作是否正常，风道过滤网有否堵塞 2. 如果工作不正常或过滤器灰尘过多，会引起柜内温度过高而使系统不能可靠工作，甚至引起过热报警 3. 一般来说，每半年或每三个月应检查清理一次，具体应视车间环境状况而定
控制介质输入/输出装置的定期维护	1. CNC 系统参数、零件程序等数据都可通过它输入到 CNC 系统的寄存器中 2. 如果有污物，将会使读入的信息出现错误 3. 定期对关键部件进行清洁
定期检查和清扫直流伺服电动机	1. 直流伺服电动机旋转时，电刷会与换向器摩擦而逐渐磨损 2. 电刷的过度磨损会影响电动机的工作性能，甚至损坏。应定期检查电刷 3. NC 铣床和加工中心等机床，可每年检查一次 4. 频繁起动、制动的 NC 机床（如 CNC 冲床等）应每两个月检查一次
支持电池的定期更换	数控系统存储参数用的存储器采用 CMOS 器件，其存储的内容在数控系统断电期间靠支持电池保持
数控系统长期不用时的保养	1. 数控系统处在长期闲置的情况下，要经常给系统通电。在机床锁住不动的情况下让系统空运行 2. 空气湿度较大的梅雨季节尤其要注意。在空气温度较大的地区，经常通电是降低故障的一个有效措施 3. 数控机床闲置不用达半年以上，应将电刷从直流电动机中取出，以免由于化学作用使换向器表面被腐蚀，引起换向性能变坏，甚至损坏整台电动机

三、技能实训

(一)数控铣床(加工中心)的不定期点检

数控铣床(加工中心)的不定期点检如表 5-11 所列。

表 5-11　数控铣床(加工中心)的不定期点检一览表

序号	检查周期	检查部位	检查要求(内容)
1	每天	导轨润滑油箱	检查油量,及时添加润滑油,检查润滑油是否定时起动打油及停止
2	每天	主轴润滑恒温油箱	工作是否正常,油量是否充足,温度范围是否合适
3	每天	机床液压系统	油箱液压泵有无异常噪声,工作油面高度是否合适,压力表指示是否正常,管路及各接头有无泄漏
4	每天	压缩空气气源压力	气动控制系统压力是否在正常范围之内
5	每天	气源自动分水滤气器,自动空气干燥器	及时清理分水器中滤出的水分,保证自动空气干燥器工作正常
6	每天	气液转换器和增压器油面	油量不够时要及时补足
7	每天	X、Y、Z 轴导轨面	清除切屑和脏物,检查导轨面有无划伤损坏,润滑油是否充足
8	每天	CNC 输入/输出单元	如光电阅读机的清洁,机械润滑是否良好
9	每天	各防护装置	导轨、机床防护罩等是否齐全有效
10	每天	电气柜各散热通风装置	各电气柜中冷却风扇是否工作正常,风道过滤网有无堵塞;及时清洗过滤器
11	每周	各电气柜过滤网	清洗黏附的灰尘
12	不定期	切削油箱、水箱	随时检查液面高度,及时添加油(或水),太脏时要更换;清洗油箱(水箱)和过滤器
13	不定期	废油池	及时取走积存在废油池中的废油,以免溢出
14	不定期	排屑器	经常清理切屑,检查有无卡住等现象
15	半年	检查主轴驱动传送带	按机床说明书调整传送带的松紧程度
16	半年	各轴导轨上镶条、压紧滚轮	按机床说明书调整松紧状态

续表

序号	检查周期	检查部位	检查要求（内容）
17	一年	检查或更换电动机炭刷	检查换向器表面，去除毛刺，吹净炭粉，磨损过短的炭刷及时更换
18	一年	液压油路	清洗溢流阀、减压阀、滤油器、油箱，过滤液压油或更换
19	一年	主轴润滑恒温油箱	清洗过滤器、油箱，更换润滑油
20	一年	润滑液压泵，过滤器	清洗润滑油池，更换过滤器
21	一年	滚珠丝杠	清洗丝杠上旧的润滑脂，涂上新油脂

（二）数控铣床（加工中心）的定期点检

1. 日常点检要点

（1）从工作台、基座等处清除污物和灰尘；擦去机床表面上的润滑油、切削液和切屑；清除没有罩盖的滑动表面上的一切东西；擦净丝杠的暴露部位。

（2）清理、检查所有限位开关、接近开关及其周围表面。

（3）检查各润滑油箱及主轴润滑油箱的油面，使其保持在合理的油面上。

（4）确认各刀具在其应有的位置上更换。

（5）确保空气滤杯内的水完全排出。

（6）检查液压泵的压力是否符合要求。

（7）检查机床主液压系统是否漏油。

（8）检查切削液软管及液面、清理管内及切削液槽内的切屑等脏物。

（9）确保操作面板上所有指示灯为正常显示。

（10）检查各坐标轴是否处在原点上。

（11）检查主轴端面、刀夹及其他配件是否有毛刺、破裂或损坏现象。

2. 月检查要点

（1）清理电气控制箱内部，使其保持干净。

（2）校准工作台及床身基准的水平，必要时调速垫铁，拧紧螺母。

（3）清洗空气滤网，必要时予以更换。

（4）检查液压装置、管路及接头，确保无松动、无磨损。

（5）清理导轨滑动面上的刮垢板。

（6）检查各电磁阀、行程开关、接近开关，确保它们能正确工作。

（7）检查液压箱内的滤油器，必要时予以清洗。

（8）检查各电缆及接线端子是否接触良好。

（9）确保各连锁装置、时间继电器、继电器能正确工作，必要时予以修理或更换。

（10）确保数控装置能正确工作。

3. 半年检查要点

（1）清理电气控制箱内部，使其保持干净。

（2）更换液压装置内的液压油及润滑装置内的润滑油。

（3）检查各电动机轴承是否有噪声，必要时予以更换。

（4）检查机床的各有关精度。

（5）检查各电气部件及继电器等是否可靠工作。

（6）测量各进给轴的反向间隙，必要时予以调速或进行补偿。

（7）检查各伺服电动机的电刷及换向器的表面，必要时予以修整或更换。

（8）检查一个试验程序的完整运转情况。

（三）数控铣床(加工中心)的保养

数控机床的保养工作对数控机床的全过程维修和正常使用起着非常重要的作用。保养的内容主要有清洗、除尘、防腐及调整等工作，为此应给操作工提供必要的技术文件(如操作规程、保养事项与指示图表等)，配备必要的测量仪表与工具。数控机床上应安装防护、防尘、防潮、降温装置和过载保护装置等，为数控机床正常工作创造良好的工作条件。一般来说，保养的主要任务在于为数控机床创造良好的工作条件。保养工作项目不多，简单易行。保养部位大多在数控机床外表，不必进行大规模的解体，可以在不停机、不影响运转的情况下完成，不必专门安排保养时间。每次保养作业所耗物资也有限。保养还是一种减少数控机床故障，延缓磨损的保护性措施，但通过保养作业并不能消除数控机床的主要磨耗损坏，不具有恢复数控机床原有效能的职能。

数控铣床(加工中心)一、二、三级保养的内容和要求如下：

1. 一级保养

一级保养就是每天的日常保养。日常保养包括班前、班中和班后所做的保养工作。对于加工中心来说，其内容和具体要求如下。

（1）班前

1）检查各操作面板上的各个按钮、开关和指示灯。要求位置正确、可靠，并且指示灯无损。

2）检查机床接地线。要求完整、可靠。

3）检查集中润滑系统、液压系统、切削液系统等的液位。要求符合规定或液位不少于标置范围内下限以上的1/3。

4）检查液压空气输入端压力。要求气路畅通，压力正常。

5）检查液压系统、气动系统、集中润滑系统、切削液系统的各压力表。要求指示灵敏、准确，而且在定期校验时间范围内。

6）机床主轴及各坐标运转及运行15min以上。要求各零件温升、润滑正常，无异常振动和噪声。

7）检查刀库、机械手、可交换工作台、排屑装置等工作状况。要求各装置工作正常，无异常振动和噪声。

8）检查各直线坐标、回转坐标、回基准点(或零点)状况，并校正工装或被加工零件基准。要求准确，并在技术要求范围内。

（2）班中

1）执行加工中心操作规程。要求严格遵守。

2）操作中发现异常，立即停机，相关人员进行检查或排除故障。要求处理及时，不带故障运行，并严格遵守。

3）主轴转速大于 8000r/min 时，或在说明书指定的主轴转速范围内时，刀具及锥柄应按要求进行动平衡。

（3）班后

1）清理切屑，擦拭机床外表并在外露的滑动表面加注机油。要求清洁、防锈。

2）检查各操作面板上的各个按钮及开关是否在合理位置，检查工作台各坐标及各移动部件是否移动到合理位置上。要求严格遵守。

3）切断电源、气源。要求严格遵守。

4）清洁机床周围环境。要求严格按标准管理。

5）在记录本上做好机床运行情况的交接班记录。要求严格遵守。

2. 二级保养

二级保养就是每月一次的保养，一般在月底或月初进行。二级保养一般按照数控机床部位划分来进行。对于加工中心来说，二级保养的内容和要求如下。

首先要完成一级保养的内容。要求按一级保养内容去做。

（1）工作台

1）台面及 T 形槽。要求清洁、无毛刺。

2）对于可交换工作台，检查托盘上、下表面及定位销。要求清洁、无毛刺。

（2）主轴装置

1）主轴锥孔。要求光滑、清洁。

2）主轴拉刀机构。要求安全、可靠。

（3）各坐标进给传动装置

1）检查、清洁各坐标传动机构及导轨和毛毡或刮屑器。要求清洁无污、无毛刺。

2）检查各坐标限位开关、减速开关、零位开关及机械保险机构。要求清洁无污、安全、可靠。

3）对闭环系统，检查各坐标光栅尺表面或感应同步尺表面。要求清洁无污，压缩空气供给正常。

（4）自动换刀装置

1）检查、清洗机械手和刀库各部位。要求清洁、可靠。

2）刀库上刀座、机械手上卡爪的锁紧机构。要求安全、可靠、清洁、无毛刺。

（5）液压系统

1）清洗滤油器。要求清洁无污。

2）检查油位。要求符合规定，或者液位不少于标置范围内下限以上的 2/3 处。

3）检查液压泵及油路。要求无泄漏，压力、流量符合技术要求。

4）检查压力表。要求压力指示符合规定，指示灵敏、准确，并且在定期校验时间范围内。

（6）气动系统

1）清洗过滤器。要求清洁无污。

2）检查气路、压力表。要求无泄漏，压力、流量符合技术要求，压力指示灯符合规定，指示灵敏、准确,并且在定期校验时间范围内。

(7)中心润滑系统

1)检查液压泵、压力表。要求无泄漏,压力、流量符合技术要求,压力指示符合规定,指示灵敏、准确,并且在定期校验时间范围内。

2)检查油路及分油器。要求清洁无污、油路畅通、无泄漏,单向阀工作正常。

3)检查清洗滤油器、油箱。要求清洁无污。

4)检查油位。要求润滑油必须加至油标上限。

(8)切削液系统

1)清洗切削液箱,必要时更换切削液。要求清洁无污、无泄漏,切削液不变质。

2)检查切削液泵、液路,清洗过滤器。要求无泄漏,压力、流量符合技术要求。

3)清洗排屑器。要求清洁无污。

4)检查排屑器上各按钮开关。要求位置正确、可靠,排屑器运行正常、可靠。

(9)整机外观

1)全面擦拭机床表面及死角。要求漆见本色、铁见光泽。

2)清理电器柜内灰尘。要求清洁无污。

3)清洗各排风系统及过滤网。要求清洁、可靠。

4)清理、清洁机床周围环境。要求符合按定置管理及标准管理要求。

3.三级保养

首先要完成二级保养的内容。要求按二级保养内容去做。

(1)主轴系统

1)对于具有齿轮传动的主轴系统,检查、清洗箱体内各零部件,检查同步带。要求清洁无污,传动灵活、可靠,无异常噪声和振动。

2)检查、清洗主轴内锥孔表面,调整主轴间隙。要求内锥孔表面光滑无毛刺,并且间隙适宜。

3)主轴电动机如果是直流电动机,清理炭灰并调速炭刷。要求清洁、可靠。

(2)各坐标进给传动系统

1)如果伺服电动机与滚珠丝杠不是直连,应检查、清洗传动机构各零部件,检查同步带。要求清洁无污,传动灵活、可靠,无异常噪声和振动。

2)如果坐标伺服采用直流电动机,清理炭灰并调整炭刷。要求清洁、可靠。

(3)自动换刀机构

1)检修自动换刀系统的传动、机械手和防护机构。要求清洁无损,功能协调、安全、可靠。

2)检查机械手换刀时刀具与主轴中心及与刀座中心的同轴度。要求清洁、无毛刺,定心准确无误。

(4)液压系统

1)清洗液压油箱。要求清洁无污。

2)检修、清洗滤油器,需要时要更换滤油器芯。要求清洁无污。

3)检修液压泵和各液压元件。要求灵活、可靠,无泄漏、无松动,压力、流量符合技术要求。

4）检查油质，需要时进行更换。要求符合技术要求。

5）检查压力表，需要时进行校验。要求合格，并有校验标记。

（5）气动系统

1）检查、清洗过滤器，需要时更换过滤芯。要求清洁无污。

2）检查各气动元件和气路。要求合格，并有校验标记。

（6）中心润滑系统

1）检查液压泵、滤油器、油路、分油器、油标。要求清洁无污，油路畅通、无泄漏，压力、流量符合技术要求，润滑时间准确。

2）检查压力表，需要时进行校验。要求合格，并有校验标记。

（7）切削液系统

1）检查切削液泵、各元件、管路，清洗过滤器，需要时更换过滤器芯。要求无泄漏，压力、流量符合技术要求。

2）检查压力表，需要时进行校验。要求合格，并有校验标记。

3）检查和清洗排屑器、传动链、操作系统。要求清洁无污，各按钮和开关工作正常、可靠，排屑器运行正常、可靠。

（8）整机外观

1）清理机床周围环境，机床附件摆放整齐。要求符合定置管理及标准管理要求。

2）检查各类标牌。要求齐全、清晰。

3）检查各部件的紧固件、连接件、安全防护装置。要求齐全、可靠。

4）试车。主轴和各坐标从低速到高速运行，主轴高速运行不少于 20min，刀库、机械手正常运行。要求运行正常，温度、噪声符合国家标准要求。

（9）精度

1）检查主要几何精度。要求符合出厂允差标准。

2）检测各直线坐标和回转坐标的定位精度、重复定位精度以及反向误差。要求符合出厂允差标准。

思考与练习

1. 根据数控机床的维护保养步骤，完成所使用数控铣床（加工中心）的维护与保养，并把情况记入日常维护保养工艺卡中，如表 5-12 所示。

2. 数控设备维护管理的基本要求有哪些？

3. 数控铣床的一级保养一般包括哪些方面？

表 5-12　数控铣床精度检测数据记录表

设备型号		设备编号		责任人	
序号	检查部位	检查周期	检查内容		备注
1	导轨润滑油箱	每天	检查油量,及时添加润滑油,检查润滑泵是否及时打油		
2	主轴润滑恒温油箱	每天	工作是否正常,油量是否充足,油箱温度是否合适		
3	压缩空气气源压力	每天	气源压力是否在允许范围之内		
4	气源过滤器、干燥器	每天	空气是否干燥		
5	X、Y、Z 导轨面	每天	清除切屑和脏物,检查导轨面有无划痕		
6	CNC 输入,输出单元	每天	是否工作良好		
7	各防护装置	每天	导轨、机床防护罩是否堵塞		
8	电器柜散热通风	每天	散热风扇是否正常,散热罩是否堵塞		
9	各电气柜过滤网	每周	清洗附着的尘土		
10	冷却油箱、水箱	不定期	检查液面高度,及时加油、加水		
11	废油池	不定期	及时取走积存在废油池中的废油,以防外泄		
12	排屑器	不定期	经常清洗,无卡死现象		
13	主轴传动带	半年	调整传动带松紧度		
14	导轨上的镶条	半年	调节松紧状态		
15	电动机的电刷	一年	检查换向器		
16	清洗主轴恒温润滑油箱	一年	清洗过滤器、油箱,更换润滑油		
17	润滑油泵、过滤器	一年	清洗润滑油池		
18	滚珠丝杠	一年	重新涂抹油脂		

模块六 数控铣削用户宏程序编程及操作技能实训

知识目标

（1）掌握 FANUC、SINUMERIK 和 HNC－21/22M 数控系统用户宏程序的编程指令。

（2）掌握 FANUC、SINUMERIK 和 HNC－21/22M 数控系统宏程序基本编程格式与编程要求。

技能目标

（1）会合理选择公式曲线、规则曲面、孔系等的加工刀具。

（2）会编制简单规则宏程序零件的加工工艺。

（3）会编制简单公式曲线、规则曲面、孔系等零件的宏程序。

（4）会操作加工中心完成宏程序零件的加工。

任务导入

数控系统提供了用户宏程序功能，除了完成对二维轮廓、孔系等零件的编程外，还可以实现公式曲线、规则曲面等较复杂轮廓的编程。用户宏程序使用变量进行编程，给变量进行赋值，并按照程序中给出表达式、条件等进行计算、运行，较大地简化了编程，拓展了应用范围，提高了加工效率。本模块主要通过数控铣削用户宏程序的相关知识学习和技能操作实训，掌握简单公式曲线或规则曲面零件的宏程序编制和操作技能。

任务一 FANUC 系统用户宏程序编程与操作技能实训

一、任务布置

完成如图 6-1 所示椭圆轮廓的零件加工。零件材料为 LY12，毛坯尺寸为 80mm×80mm×16mm（长×宽×高）。

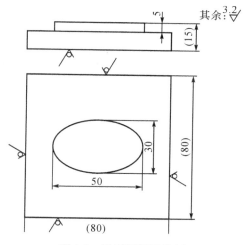

图 6-1　平面椭圆零件图

【知识目标】

(1) 熟悉 FANUC 系统的宏变量、运算符与表达式等代码意义。
(2) 掌握系统中用变量进行算术运算、逻辑运算和函数的混合运算等表达式功能。
(3) 掌握循环语句、分支语句和子程序调用语句等编程格式。

【技能目标】

(1) 会编制椭圆零件的加工程序。
(2) 会操作数控铣床(加工中心)完成椭圆零件的加工及质量检测。

二、知识链接

(一) 宏程序的基本概念

1. 宏程序的定义

以一组子程序的形式存储并带有变量的程序称为用户宏程序,简称宏程序。调用宏程序的指令称为用户宏程序指令,或宏程序调用指令(简称宏指令)。

宏程序与普通程序相比较,普通的程序字为常量,一个程序只能描述一个几何形状,所以缺乏灵活性和适用性。而在用户宏程序的本体中,可以使用变量进行编程,还可以用宏指令对这些变量进行赋值、运算等处理。通过使用宏程序能执行一些有规律变化(如非圆二次曲线轮廓)的动作。

宏程序分 A 类和 B 类两种,由于 B 类宏程序使用相比 A 类方便,一般使用中 B 类宏程序进行编程较多,在这里介绍 B 类宏程序编程。

2. 宏程序中的变量

在常规的主程序和子程序内,总是将一个具体的数值赋给一个地址,为了使程序更加具有通用性、灵活性,故在宏程序中设置了变量。

（1）变量的表示。由符号"♯"和变量序号组成,如:♯I(I＝1,2,…)。此外,变量还可以用表达式进行表示,但其表达式必须全部写入方括号"[]"中。

例:♯100,♯500,♯5,♯[♯1＋♯2＋♯10]

（2）变量的引用。将跟随在地址符后的数值用变量来代替的过程称为引用变量。同样,引用变量也可以用表达式。

例:G01 X♯100 Y♯101 F[♯101＋♯103]

当♯100＝100.0,♯101＝50.0,♯103＝80.0时,上例即表示为 G01 X100.0 Y50.0 F130;

（3）变量的类型:变量分为局部变量、公共变量（全局变量）和系统变量三种,见表 6-1。

表 6-1　变量的类型

变量号	变量类型	功　能
♯0	空	这个变量总是空的,不能赋值
♯1～♯33	局部变量	局部变量只能在宏中使用,以保存操作的结果。关闭电源时,局部变量被初始化成"空"。宏调用时,自变量分配给局部变量
♯100～♯199 ♯500～♯999	公共变量	公共变量在不同的宏程序间意义相同。关闭电源时变量♯100～♯199被初始化为空,而变量♯500～♯999 数据保持,即使断电也不丢失数据
♯1000～	系统变量	系统变量用于读和写 CNC 运行时各种数据的变化,例如刀具当前位置和补偿值、PMC 接口信号、报警信息等

注:程序号、顺序号、任意段跳跃号不能使用变量。例:O♯1;/♯2G00X50.0;N♯3Y100.0;均是错误的。

（二）宏程序编程

1. 变量的赋值

变量的赋值方法有两种,即直接赋值和引数赋值。其中直接赋值方法较为直观、方便,其书写格式如下:

例:♯100＝100.0

　　♯101＝30.0＋20.0;

引数赋值的地址与变量号对应具体参见表 6-2。

例:A＝1　等于　♯1＝1;

　　T＝1　等于　♯20＝1;

表 6-2　引数赋值的地址与变量号对应

地址	变量号	地址	变量号	地址	变量号
A	♯1	I	♯4	T	♯20
B	♯2	J	♯5	U	♯21
C	♯3	K	♯6	V	♯22
D	♯7	M	♯13	W	♯23
E	♯8	Q	♯17	X	♯24
F	♯9	R	♯18	Y	♯25
H	♯11	S	♯19	Z	♯26

地址 G、L、N、O、P 不能当作自变量使用。

不需要的地址可以省略,与省略的地址相应的地方变量被置成空。

2. 算术和逻辑操作

在表 6-3 中列出的操作可以用变量进行。操作符右边的表达式,可以含有常数和(或)由一个功能块或操作符组成的变量。表达式中的变量 ♯J 和 ♯K 可以用常数替换。左边的变量也可以用表达式替换。

表 6-3　算术和逻辑操作

功能	格式	注释
赋值	♯i＝♯j	
加	♯i＝♯j＋♯k	
减	♯i＝♯j－♯k	
乘	♯i＝♯j＊♯k	
除	♯i＝♯j/♯k	
正弦	♯i＝SIN[♯j]	
余弦	♯i＝COS[♯j]	角度以度为单位,如:90 度 30 分表示成 90.5 度
正切	♯i＝TAN[♯j]	
反正切	♯i＝ATAN[♯j]	
平方根	♯i＝SQRT[♯j]	
绝对值	♯i＝ABS[♯j]	
进位	♯i＝ROUND[♯j]	
下进位	♯i＝FIX[♯j]	
上进位	♯i＝FUP[♯j]	
OR(或)	♯i＝♯jOR♯k	
XOR(异或)	♯i＝♯jXOR♯k	用二进制数按位进行逻辑操作
AND(与)	♯i＝♯jAND♯k	
将 BCD 码转换成 BIN 码	♯i＝BIN[♯j]	用于与 PMC 间信号的交换
将 BIN 码转换成 BCD 码	♯i＝BCD[♯j]	

(1)角单位。在 SIN、COS、TAN、ATAN 中所用的角度单位是度。

(2)ATANT 功能。在 ATANT 之后的两个变量用"/"分开,结果在 0°和 360°之间。

例:当♯1＝ATANT[1]/[1]时,♯1＝135.0

(3)ROUND 功能:当 ROUND 功能包含在算术或逻辑操作、IF 语句、WHILE 语句中时,将保留小数点后一位,其余位进行四舍五入。

例:♯1＝ROUND[♯2];其中♯2＝1.2345,则♯1＝1.0

当 ROUND 出现在 NC 语句地址中时,进位功能根据地址的最小输入增量四舍五入指定的值。

例:编一个程序,根据变量♯1、♯2 的值进行切削,然后返回到初始点。假定增量系统是 1/1000mm,♯1＝1.2345,♯2＝2.3456

则:G00 G91 X♯1;移动 1.235mm

G01 X♯2 F300;移动 2.346mm

G00 X[♯1+♯2];因为 1.2345+2.3456＝3.5801,移动 3.580mm,不能返回到初始位置。而换成 G00X[ROUND[♯1]＋ROUND[♯2]],能返回到初始点。

（4）上进位和下进位成整数。

例:♯1＝1.2、♯2＝−1.2

则:♯3＝FUP[♯1],结果♯3＝2.0

♯3＝FIX[♯1],结果♯3＝1.0

♯3＝FUP[♯2],结果♯3＝−2.0

♯3＝FIX[♯2],结果♯3＝−1.0

（5）方括号嵌套。方括号用于改变操作的顺序。最多可用五层,超出五层,出现 118 号报警。

注意:方括号用于封闭表达式,圆括号用于注释。

3. 分支和循环语句

在一个程序中,控制流程可以用 GOTO、IF 语句改变。有三种分支循环语句如下:

GOTO 语句（无条件分支）;IF 语句（条件分支:if…,then…）;WHILE 语句（循环语句 while…）。

（1）无条件分支（GOTO 语句）

功能:向程序的第 N 句。当指定的顺序号大于 1～9999 时,出现 128 号报警,顺序号可以用表达式。

格式:GOTO n;n 是顺序号（1～9999）

（2）条件分支（IF 语句）

功能:在 IF 后面指定一个条件表达式,如果条件满足,转向第 N 句,否则执行下一段。

格式:IF[条件表达式]GOTO n;

其中:一个条件表达式一定要有一个操作符,这个操作符插在两个变量或一个变量和一个常数之间,并且要用方括号括起来,即[表达式 操作符 表达式]。操作符如表 6-4 所示。

表 6-4　操作符

操作符	意义	操作符	意义
EQ	=	GE	≥
NE	≠	LT	<
GT	>	LE	≤

（3）循环（WHILE 语句）

功能:在 WHILE 后指定一个条件表达式,条件满足时,执行 DO 到 END 之间的语句,否则执行 END 后的语句。

格式:WHILE[条件表达式]DO m;（m＝1,2,3）

　　　　⋮

　　　END　m;

m 只能在 1、2、3 中取值,否则出现 126 号报警。

嵌套:1）数 1～3 可以多次使用。

2）不能交叉执行 DO 语句，如下的书写格式是错误的：

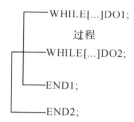

WHILE[...]DO1;
　　　过程
WHILE[...]DO2;

END1;

END2;

3）嵌套层数最多 3 级。

4）如下的书写格式是正确的：

WHILE[...]DO1;
　　　过程
IF[...]GOTOn;

END1;

Nn;

5）如下的书写格式是错误的：

IF[...]GOTOn;
　　　过程
WHILE[...]DO1;

Nn;

END1;

注意:1) 无限循环。指定了 DO m 而没有 WHILE 语句，循环将在 DO 和 END 之间无限期执行下去。

2）执行时间。程序执行 GOTO 分支语句时，要进行顺序号的搜索，所以反向执行的时间比正向执行的时间长。可以用 WHILE 语句减少处理时间。

3）未定义的变量。在使用 EQ 或 NE 的条件表达式中，空值和零的使用结果不同。而含其他操作符的条件表达式将空值看作零。

（三）宏程序的调用

可以用下列方式调用宏程序：

1）简单调用：G65；

2）模调用：G66、G67；

3）G 码宏调用；

4）M 码宏调用；

5）G 码子程序调用；

6）M 码子程序调用；

用 G65 可以指定一个自变量（传递给宏的数据），而 M98 没有这个功能。

当 M98 段含有另一个 NC 语句时（如：G01 X100.0 M98 Pp)，则执行命令之后调用子程序,而 G65 无条件调用一个宏。

当 M98 段含有另一个 NC 语句时(如:G01 X100.0 M98 Pp),在单段方式下机床停止,而使用 G65 时机床不停止。

用 G65 地方变量的级要改变,而 M98 不改变。

三、宏程序编制

1. 数学处理及计算

椭圆的参数方程如下:

$$\begin{cases} x = a\cos(\varphi) \\ y = b\sin(\varphi) \end{cases}$$

其中:a 为长半轴,b 为短半轴,φ 为离心角。

在宏程序编程中,零件图椭圆轮廓曲线,以离心角 φ（$0\sim360°$）为自变量,按公式计算出 X、Y 坐标值。

根据零件图可知,椭圆的计算如下:

$$\begin{cases} x = 25 * \cos(\varphi) \\ y = 15 * \sin(\varphi) \end{cases}$$

2. 程序编制

FANUC 系统平面椭圆零件加工程序卡如表 6-5 所示。

表 6-5　FANUC 系统平面椭圆零件加工程序卡

零件名称	平面椭圆零件	数控加工程序单	刀位号	使用设备	共 1 页
零件图号	/		/	加工中心	第 1 页
程序段号	程　序		程序说明		
	O0001		程序名		
N10	G90 G54 G00 Z100		调用工件坐标系,刀具快速到达离工件表面100mm处		
N20	X0 Y0		刀具快速回到工件坐标系原点位置		
N30	S1000 M3		主轴正转,600r/min		
N40	M8		冷却液打开		
N50	Z5		快速到达安全平面		
N60	X50Y10		快速到达定位点		
N70	G1 Z-5. F100		切削进给到切削深度		
N80	G41G01X25D01F100		建立刀补		
N90	G01Y0		切削刀椭圆加工起点		
N100	#1=0		离心角初始值#1=0		
N110	WHILE [#1 LE 360] DO1		离心角小于等于360度重复执行 DO1-END1		
N120	#2=25*COS[#1]		椭圆上一点的 X 坐标值		

N130	#3＝15＊SIN[#1]	椭圆上一点的Y坐标值
N140	G1 X-#2 Y#3	逐点插补
N150	#1＝#1＋3	离心角递增为3度
N160	END1	当赋值超过360°时,循环结束
N170	G01Y-10	切出,刀具离开工件
N180	G40G01X50	取消刀补
N190	G0 Z100	快速返回到初始高度
N200	M05	主轴停止
N210	M09	冷却液关
N220	M30	程序结束

注:编程时,程序前几个程序段为机床加工的各项准备工作指令,然后才开始编写加工程序。

四、技能实训

1. 实训准备

根据项目任务要求,给出平面椭圆零件加工工具、量具、刃具等准备清单,如表6-6所示。

表6-6　平面椭圆零件加工工具、量具、刃具准备清单

课题名称		平面椭圆			
序号	分类	名称	规格	单位	数量
1	机床	加工中心	MV80	台	1
2	毛坯	LY12	80mm×80mm×16mm（长×宽×高）	块	1
2	夹具	精密平口钳	150mm×50mm	台	1
3	刀具	面铣刀（或盘铣刀）	φ50mm	把	1
4		立铣刀	φ16mm	把	1
5	工具系统	强力刀柄	与立铣刀刀具匹配	套	1
6		面铣刀刀柄	与面铣刀匹配	套	1
7	量具	游标卡尺	0～150mm	把	1
8	其他		常用辅助工具	若干	

2. 加工准备

（1）开机,回机床参考点。

（2）检查毛坯是否符合加工要求,并安装工件,把毛坯用等高块垫在下面,放在已校正平行的平口钳中间位置,使上表面高出钳口6～8mm(留有足够的空间完成平面椭圆的铣削加工),用木槌或橡胶锤敲击工件上表面夹紧平口钳。

（3）完成 $\phi50$mm 面铣刀、$\phi16$mm 立铣刀刀具的对刀，分别设定 G54 坐标原点。

3. 程序输入

输入表 6-5 所列参考程序到数控系统中。

4. 模拟加工

校验程序走刀轨迹是否符合机床刀具运行轨迹要求。

5. 自动加工

换刀首次加工时，为防止对刀或工件坐标系零点偏置有误，在程序执行前先进行单段加工，待确定对刀或程序运行平稳后，再取消"单段"加工，采用自动加工。在加工过程中，应根据机床运行情况，调整机床主轴转速和进给倍率，确保机床平稳、高效地运行。

6. 结束准备

完成零件加工，去除零件毛刺，打扫、清理机床和周围设施，并做好机床保养等工作。

五、质量评价

根据完成零件，按照项目评分表对加工零件进行质量评价，评分表如表 6-7 所示。

表 6-7 平面椭圆评分表

工件编号				总得分		
课题名称		平面椭圆		加工设备	加工中心	
项目与配分		序号	技术要求	配分	评分标准	检测结果	得分
工件加工质量（60分）	平面椭圆	1	50、30	30	不符一处扣 5 分		
		2	5	15	不符一处扣 5 分		
		3	R_a3.2	15	升高一级全扣		
程序与工艺（15分）		4	程序正确、合理等	5	出错一次扣 1 分		
		5	切削用量选择合理	5	出错一次扣 1 分		
		6	加工工艺制定合理	5	出错一次扣 1 分		
机床操作（15 分）		7	机床操作规范	7	出错一次扣 1 分		
		8	刀具、工件装夹	8	出错一次扣 1 分		
工件完整度（10分）		9	工件无缺陷	10	缺陷一处扣 2 分		
安全文明生产（倒扣分）		10	安全操作机床	倒扣	出事故停止操作或酌情扣 5~10 分		
		11	工量具摆放	倒扣	不符规范酌情扣 5~10 分		
		12	机床整理	倒扣			

六、常见问题解析

（1）椭圆加工应采用刀补进行，如采用长、短轴加刀具半径进行编程，则与实际椭圆有偏差。

（2）宏程序编程时，需要对公式曲线进行数学处理及计算，确定变量值。

七、巩固训练

根据自己所掌握的数控系统完成如图 6-2 所示公式曲线零件的加工。零件材料：LY12，毛坯尺寸：80mm×80mm×16mm，公式曲线零件评分表如表 6-8 所示。

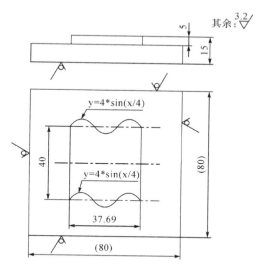

图 6-2　公式曲线零件图

表 6-8　公式曲线零件评分表

工件编号（姓名）			总得分			
课题名称		公式曲线零件	加工设备		加工中心	
项目与配分	序号	技术要求	配分	评分标准	检测结果	得分
工件加工质量（60分）	公式曲线	1	$y = 4 * \sin(x/4)$（2处）	24	不符一处扣2分		
		2	37.69	15	不符一处扣2分		
		3	5	15	不符一处扣2分		
		4	$R_a 3.2$	6	升高一级全扣		
程序与工艺（15分）	5	程序正确、合理等	5	出错一次扣1分		
	6	切削用量选择合理	5	出错一次扣1分		
	7	加工工艺制定合理	5	出错一次扣1分		
机床操作（15分）	8	机床操作规范	5	出错一次扣1分		
	9	刀具、工件装夹	8	出错一次扣1分		
工件完整度（10分）	10	工件无缺陷	10	缺陷一处扣2分		
安全文明生产（倒扣分）	11	安全操作机床	倒扣	出事故停止操作或酌情扣5～10分		
	12	工量具摆放	倒扣	不符规范酌情扣5～10分		
	13	机床整理	倒扣			

任务二　SINUMERIK 系统宏程序编程与操作技能实训

一、任务布置

完成如图 6-3 所示的半球面零件加工。零件材料为 LY12，毛坯尺寸为 $80mm×80mm×31mm$（长×宽×高）。

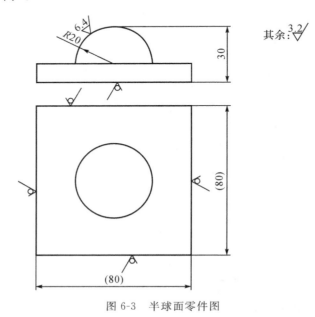

图 6-3　半球面零件图

【知识目标】

（1）熟悉 SINUMERIK 系统的 R 参数、运算符与表达式等代码的意义。

（2）掌握 SINUMERIK 系统中用变量进行算术运算、逻辑运算和函数的混合运算等表达式功能。

（3）掌握 SINUMERIK 系统的跳转语句、控制结构等编程格式。

【技能目标】

（1）会编制半球零件的加工程序。

（2）会操作加工中心完成半球零件的加工及质量检测。

二、知识链接

（一）宏程序变量的功能

要使一个 NC 程序不仅仅适用于特定数值下的一次加工，或者必须要计算出数值，这两种情况均可以使用计算参数。在程序运行时由控制器计算或设定所需要的数值，也可以通过操作面板设定参数数值。如果参数已经赋值,则它们可以在程序中对由变量确定的地址进行赋值。

通过使用变量而非固定值就可以灵活地编制程序。这样就可以对信号做出反应,比如测量值,或者通过使用变量而非固定值,可以把相同的程序用于不同的几何关系。灵活的编程人员运用变量计算和程序转换可以建立一个高度灵活的程序档案,从而省去很多编程工作。

(二)用户变量

1. 变量

用户变量可以定义下列变量:

(1)计算参数(R 参数)。

(2)全局用户变量(GUD)在所有程序中都有效。

(3)局部用户变量(LUD)在一个程序中有效。

(4)程序全局用户变量(PUD)在一个程序和所调用的子程序中有效。

可以为每个通道以不同值定义各个通道专用的用户变量,输入并显示参数值,可以进行 15 位以下(包含小数点后的位数)的赋值。如果输入的数字大于 15 位,将会以指数方式进行显示(15 位+EXXX)。

注意:1)用户变量 LUD 或 PUD 是否可以使用,取决于当前的控制系统配置。

2)用户变量的读取与写入受钥匙开关和保护等级保护。

2. R 参数

R 参数(计算参数)是可以在 G 代码程序中使用的通道专用变量。G 代码程序可以读写 R 参数,在控制系统关闭后数值保持不变。

机床数据确定通道专用的 R 参数数目范围:R0~R249(取决于机床数据)。其中 R0~R99 可以自由使用,R100~R249 加工循环传递参数,如果没有用到加工循环,那这部分计算参数也同样可以自由使用。

(三)用户变量编程

1. 变量的赋值

(1)数值赋值。在 $\pm 0.0000001 \cdots 99999999$(8 位,带符号和小数点)范围内给计算参数赋值。在取整数值时可以去除小数点。正号可省略。

举例:R0=3.5678 R1=−37.3 R2=2 R3=−7 R4=−45678.1234

(2)指数赋值。用指数表示法可以赋值更大的数值范围:$\pm (10^{-300} \cdots 10^{+300})$。指数值写在 EX 符号之后;最大符号数为 10(包括符号和小数点)。EX 值范围:−300 到+300

举例:R0=−0.1EX−5;表示 R0=−0.000001

R1=1.874EX8;表示 R1=187400000

注意:一个程序段中可以有多个赋值语句,也可以用计算表达式赋值。

(3)其他赋值。通过给其他的 NC 地址分配计算参数或参数表达式,可以增加 NC 程序的通用性。可以用数值、算术表达式或 R 参数对任意 NC 地址赋值。但对地址 N、G 和 L 例外。赋值时在地址符之后写入符号"="。赋值语句也可以赋值一负号。给坐标轴地址(运行指令)赋值时,要求有一独立的程序段。

举例：N10 G0 X＝R2；表示给 X 轴赋值

2. 参数的计算

在计算参数时也遵循通常的数学运算规则。圆括号内的运算优先进行。另外，乘法和除法运算优先于加法和减法运算，角度计算单位为度。

举例：

N10 R1＝R1＋1；R1 值加上 1 后得到新的 R1

N20 R1＝R2＋R3 R4＝R5－R6 R7＝R8 * R9 R10＝R11/R12

N30 R13＝SIN(25.3)；R13 等于正弦 25.3 度

N40 R14＝R1 * R2＋R3；乘法和除法运算优先于加法和减法运算

N50 R14＝(R1 * R2)＋R3；

N60 R14＝R3＋R2 * R1；与 N40 一样

3. 程序跳转目标

1）标记符用于标记程序中所跳转的目标程序段，用跳转功能可以实现程序运行分支。

2）标记符可以自由选取，但必须由字母或数字组成，其中开始两个符号必须是字母或下划线。

3）跳转目标程序段中标记符后面必须为冒号。标记符位于程序段段首。如果程序段有段号，则标记符紧跟着段号。

4）在一个程序段中，标记符不能含有其他意义。

举例：

N10 MARKE1：G1 X20；MARKE1 为标记符，跳转目标程序段

...

TR789：G0 X10 Z20；TR789 为标记符，跳转目标程序段没有段号

4. 条件跳转

（1）功能

用 IF 条件语句表示有条件跳转。如果满足跳转条件（也就是值不等于零），则进行跳转。跳转目标只能是有标记符的程序段，该程序段必须在此程序之内。条件跳转指令要求指向一个独立的程序段。在一个程序段中可以有许多个条件跳转指令。使用了条件跳转后有时会使程序得到明显的简化。有条件跳转符号说明见表 6-9。

（2）编程

IF 条件 GOTOF Lable；先前跳转。IF 条件 GOTOB Lable；向后跳转。

表 6-9　有条件跳转符号说明

AWL	说　明
GOTOF	向前跳转（向程序结束的方向跳转）
GOTOB	向后跳转（向程序开始的方向跳转）
Lable	所选的标记符
IF	跳转条件导入符
条件	作为条件的计算参数，计算表达式

（3）计算功能

计算功能主要应用于 R 参数和实数型变量（或常量和功能）。整数型和字符型也是允许的。在计算操作时，通常的数学计算有效。在处理中需优先处理的用圆括号给出。对于三角函数和它的反函数其单位是度（直角＝90°）。运算符计算意义见表 6-10。

表 6-10　运算符计算意义

符号	意义	符号	意义
＋	加法	－	减法
＊	乘法	/	除法：注意（Typ INT）/（Typ INT）＝（Typ REAL）；比如：3/4＝0.75
DIV	除法，用于变量类型整数型和实数型。如（Typ INT）DIV（Typ INT）＝（Typ INT）；比如 3DIV4＝0	MOD	取模除法（整数型或者实数型），提供一个整数型除法的余数，比如 3MOD4＝3
:	串运算符（在框架变量时）	SIN()	正弦
COS()	余弦	TAN()	正切
ASIN()	反正弦	ACOS()	反余弦
ATAN2(,)	反正切 2	SQRT()	平方根
ABS()	总计	POT()	2 乘方（平方）
TRUNC()	整数部分	ROUND()	整数圆整
LN()	自然对数	EXP()	指数函数
CTRANS()	偏移	CROT()	旋转
CSCALE()	比例转换	CMIRROR()	镜像

举例：

R1＝R1＋1；　　　　　　　　　　　新 R1＝旧 R1＋1

R1＝R2＋R3 R4＝R5－R6 R7＝R8＊R9

R10＝R11/R12 R13＝SIN(25.3)

R14＝R1＊R2＋R3；　　　　　　　计算时先乘除后加减

R14＝(R1＋R2)＊R3；　　　　　　括号先被计算

R15＝SQRT(POT(R1)＋POT(R2))；　括号首先被计算 R15＝$(R1)^2+(R2)^2$ 的平方根

（4）比较运算

比较运算可以用于类型为 CHAR、INT、REAL 和 BOOL 的变量。在字符型时代码值会被比较。在数据类型为 STRING、AXIS 和 FRAME 时可以＝＝和＜＞，比较运算符含义见表 6-11。

比较计算操作的结果总是类型 BOOL，比较操作可以用来表达转换条件，完整的表达式也可以进行比较。

表 6-11 比较运算符含义

运算符	意 义	运算符	意 义
==	等于	<	小于
<>	不等	>=	大于或等于
>	大于	<=	小于或等于

比较运算的结果有两种，一种为"满足"，另一种为"不满足"。"不满足"时，该运算结果值为零。

举例：

IF R10>=100 GOTOF 目标

或 R11=R10>=100

IF R11 GOTOF 目标

R10>=100 比较的结果首先存储在 R11 中。

5. 控制结构

（1）解释

IF-ELSE-ENDIF 二选一。

LOOP-ENDLOOP 无限循环。

FOR-ENDFOR 计数循环。

WHILE-ENDWHILE 在循环开头有条件的循环。

REPEAT-UNTIL 在循环结尾有条件的循环。

（2）功能

控制系统按照编制好的标准顺序处理 NC 程序段。用这些命令除了能确定程序跳转，还能确定二选一和程序循环。

（3）运行

1）IF-ELSE-ENDIF

IF-ELSE-ENDIF 模块用于二选一：

IF（表达式）

NC 程序段

ELSE

NC 程序段

ENDIF

如果表达式值为 TRUE，也就是说条件被满足，这样后面的程序模块被执行。如果条件不满足，ELSE 分支被执行。这个 ELSE 分支可取消。

2）无限循环 LOOP

无限循环在无限程序中被应用。在循环结尾总是跳转到循环开头重新进行。

LOOP

NC－程序段

ENDLOOP

3）计数循环 FOR

当一个带有一个确定值的操作程序被循环重复,FOR 循环就会被运行。记数变量同时会从初始值到最后值增加,初始值必须小于最后值。变量必须属于 INT 类型。

FOR 变量＝初始值 TO 最后值

NC 程序段

ENDFOR

4）在循环开头带有条件的程序循环 WHILE

只要条件满足,WHILE 循环就被执行。

WHILE 表达式

NC 程序段

ENDWHILE

5）在循环结尾带有条件的程序循环 REPEAT

REPEAT 循环一旦被执行会不断重复,直到条件被满足为止。

REPEAT

NC 程序段

UNTIL（表达式）

6）嵌套的层数

控制结构对部分程序有效。在每个子程序之内,嵌套的层数可以达到 8 个标准控制结构,具体如图 6-4 所示。

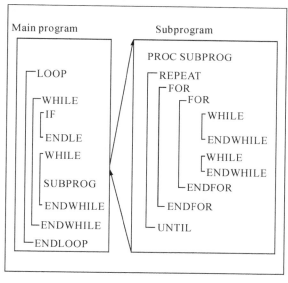

图 6-4　嵌套的层数

三、宏程序编制

1. 数学处理及计算

半球面数学处理如图 6-5 所示。

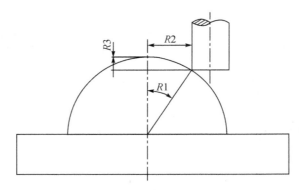

图 6-5　半球面数学处理示意图

设定：初始变量 R1＝0

则：R2＝SIN(R1)＊20

R3＝20－COS(R1)＊20

R1 的区间在 0～90°。

2. 程序编制

SINUMERIK 系统 R20 球面零件加工程序卡如表 6-12 所示。

表 6-12　**SINUMERIK 系统半球面零件加工程序卡**

零件名称	半球面零件	数控加工程序单	刀位号	使用设备	共/页
零件图号	/		T1	加工中心	第/页

程序段号	程序	程序说明
	O0001	程序名
N100	G90 G54 G00 Z100	调用工件坐系，刀具快速到达离工件表面100mm处
N110	X0 Y0	刀具快速回到工件坐标系原点位置
N120	S3000 M3	主轴正转，3000r/min
N130	M8	冷却液打开
N140	Z5	快速到达安全平面
N150	X5Y0	快速到达定位点
N160	G01Z0F100	切削进给到初始加工平面
N170	R1＝0	初始值赋值 R1＝0
N180	AAA	循环开始标记
N190	R2＝SIN(R1)＊20	球面上一点的 X 坐标值
N200	R3＝20－COS(R1)＊20	球面上一点的 Z 坐标值
N210	G01X＝R2＋5 Y0F50	切削到球面象限上一点的 X 坐标值，注意要加上刀具半径5的值
N220	G01Z＝－R3	切削到球面象限上一点的 X 坐标值时的 Z 轴坐标值

N230	G02I＝－R2－5J0	整圆插补
N240	R1＝R1＋1	初始值角度递增为1度
N250	IF R1＜＝90 GOTOB AAA	当赋值小于等于90°时,循环至AAA 当赋值大于90°时,循环结束
N260	G0 Z100	快速返回到初始高度
N270	M5	主轴停止
N280	M9	冷却液关
N290	M30	程序结束

注:编程时,程序前几程序段为机床加工的各项准备工作指令,然后才开始编写加工程序。

四、技能实训

1. 实训准备

根据项目任务要求,给出半球面零件加工工具、量具、刃具等准备清单,如表6-13所示。

表6-13　半球面零件加工工具、量具、刃具准备清单

课题名称		半球面零件			
序号	分类	名称	规格	单位	数量
1	机床	加工中心	MV80	台	1
2	毛坯	LY12	80mm×80mm×31mm (长×宽×高)	块	1
2	夹具	精密平口钳	150mm×50mm	台	1
3	刀具	面铣刀(或盘铣刀)	ϕ50mm	把	1
4		硬质合金立铣刀	ϕ10mm	把	1
5	工具系统	强力刀柄	与立铣刀刀具匹配	套	1
6		面铣刀刀柄	与面铣刀匹配	套	1
7	量具	游标卡尺	0～150mm	把	1
8	其他	常用辅助工具	若干		

2. 加工准备

(1) 开机,回机床参考点。

(2) 检查毛坯是否符合加工要求,并安装工件,把毛坯用等高块垫在下面,放在已校正平行的平口钳中间位置,使上表面高出钳口21~22mm(留有足够的空间完成R20球面零件的铣削加工),用木槌或橡胶锤敲击工件上表面夹紧平口钳。

(3) 完成ϕ50mm面铣刀、ϕ10mm立铣刀刀具的对刀,分别设定G54坐标原点。

3. 程序输入

输入表6-12所列参考程序到数控系统中。

4. 模拟加工

校验程序走刀轨迹是否符合机床刀具运行轨迹要求。

5. 自动加工

换刀首次加工时，为防止对刀或工件坐标系零点偏置有误，在程序执行前先进行单段加工，待确定对刀或程序运行平稳后，再取消"单段"加工，采用自动加工。在加工过程中，应根据机床运行情况，调整机床主轴转速和进给倍率，确保机床平稳、高效运行。

6. 结束准备

完成零件加工，去除零件毛刺，打扫、清理机床和周围设施，并做好机床保养等工作。

五、质量评价

根据完成零件，按照项目评分表对加工零件进行质量评价，评分表如表 6-14 所示。

表 6-14　半球面零件评分表

工件编号				总得分			
课题名称		半球面零件		加工设备		加工中心	
项目与配分	序号	技术要求	配分	评分标准		检测结果	得分
工件加工质量（60分）	R20 球面	1	R20 球面	40	不符一处扣 5 分		
		2	$R_a 6.4$	20	升高一级全扣		
程序与工艺(15 分)		3	程序正确、合理等	5	出错一次扣 1 分		
		4	切削用量选择合理	5	出错一次扣 1 分		
		5	加工工艺制定合理	5	出错一次扣 1 分		
机床操作（15 分）		6	机床操作规范	7	出错一次扣 1 分		
		7	刀具、工件装夹	8	出错一次扣 1 分		
工件完整度（10 分）		8	工件无缺陷	10	缺陷一处扣 2 分		
安全文明生产（倒扣分）		9	安全操作机床	倒扣	出事故停止操作或酌情扣 5~10 分		
		10	工量具摆放	倒扣	不符规范酌情扣 5~10 分		
		11	机床整理	倒扣			

六、常见问题解析

（1）用立铣刀加工时要注意刀具半径的考虑。

（2）在参数编程中，变量赋值格式要正确。

七、巩固训练

用 SINUMERIK 数控系统完成如图 6-6 所示凹圆球零件的加工。零件材料：LY12，毛坯尺寸:80mm×80mm×31mm,凹圆球零件评分表如表6-15所示。

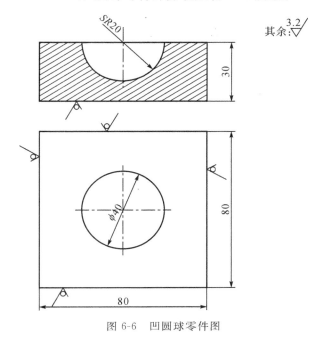

图 6-6 凹圆球零件图

表 6-15 凹圆球零件评分表

工件编号(姓名)				总得分		
课题名称		凹球面零件		加工设备	加工中心	
项目与配分	序号	技术要求	配分	评分标准	检测结果	得分
工件加工质量 (60分)	凹球面	1	SR20	35	不符一处扣2分		
		2	R_a3.2	25	不符一处扣2分		
程序与工艺 (15分)	4	程序正确、合理等	5	出错一次扣1分		
	5	切削用量选择合理	5	出错一次扣1分		
	6	加工工艺制定合理	5	出错一次扣1分		
机床操作 (15分)	7	机床操作规范	7	出错一次扣1分		
	8	刀具、工件装夹	8	出错一次扣1分		
工件完整度 (10分)	9	工件无缺陷	10	缺陷一处扣2分		
安全文明生产 (倒扣分)	10	安全操作机床	倒扣	出事故停止操作 或酌情扣5~10分		
	11	工量具摆放	倒扣	不符规范酌情 扣5~10分		
	12	机床整理	倒扣			

任务三　HNC-21/22M 系统宏程序编程与操作技能实训

一、任务布置

完成如图 6-7 所示扇形均布孔系零件的加工程序。零件材料：LY12，毛坯尺寸：140mm×80mm×31mm。

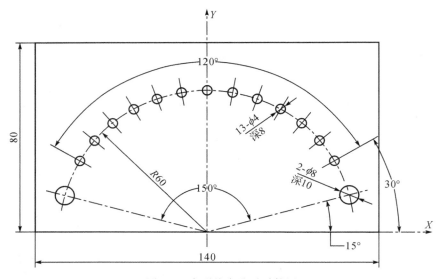

图 6-7　扇形均布孔系零件图

【知识目标】

（1）熟悉 HNC-21/22M 系统的宏变量、运算符与表达式等代码意义。

（2）掌握 HNC-21/22M 系统中用变量进行算术运算、逻辑运算和函数的混合运算等表达式功能。

（3）掌握 HNC-21/22M 系统循环语句、分支语句和子程序调用语句等编程格式。

【技能目标】

会编制孔系用户宏程序。

二、知识链接

HNC-21/22M 系统为用户配备了强有力的类似于高级语言的宏程序功能，用户可以使用变量进行算术运算、逻辑运算和函数的混合运算，此外宏程序还提供了循环语句、分支语句和子程序调用语句，利于编制各种复杂的零件加工程序，减少乃至免除手工编程时进行烦琐的数值计算，以及精简程序量。宏程序指令适合抛物线、椭圆、双曲线等没有插补指令的曲线编程；适合图形一样、只是尺寸不同的系列零件的编程；适合工艺路径一样、只是位置参数不同的系列零件的编程。其较大地简化了编程,扩展了程序的应用范围。

（一）宏变量及常量

1. 宏变量

♯0～♯49　当前局部变量

♯50～♯199　全局变量　（♯100～♯199全局变量可以在子程序中,定义半径补偿量）

♯200～♯249　0层局部变量　♯250～♯299　1层局部变量

♯300～♯349　2层局部变量　♯350～♯399　3层局部变量

♯400～♯449　4层局部变量　♯450～♯499　5层局部变量

♯500～♯549　6层局部变量　♯550～♯599　7层局部变量

注:用户编程仅限使用♯0～♯599局部变量。♯599以后变量用户不得使用;♯599以后变量仅供系统程序编辑人员参考。

2. 常量

HNC－21/22M系统用户宏程序的常量见表6-16。

表6-16　常量

代码	定义
PI	圆周率
TRUE	条件成立(真)
FALSE	条件不成立(假)

（二）运算符与表达式

1. 运算符

HNC－21/22M系统用户宏程序的常用运算符见表6-17。

表6-17　常用运算符

代码	定义	代码	定义
＋	加	—	减
*	乘	/	除
SIN	正弦	TAN	正切
ABS	绝对值	SIGN	取符号
EXP	指数	COS	余弦
ATAN	反正切(−90～90)	ATAN2	反正切(−180～180)
INT	取整	SQRT	开方
AND	逻辑与	OR	逻辑或
NOT	逻辑非	EQ(＝)	等于
NE(≠)	不等于	GT(＞)	大于
GE(≥)	大于等于	LT(＜)	小于
LE(≤)	小于等于		

2. 表达式

用运算符连接起来的常数宏变量构成表达式。

例如：175/SQRT[2] * COS[55 * PI/180]

$\qquad$ #3 * 6 GT 14

注意：三角函数定义时使用弧度来表达。

（三）赋值语句

格式：宏变量＝常数或表达式

把常数或表达式的值送给一个宏变量称为赋值。

例如：#2＝175/SQRT[2] * COS[55 * PI/180]

$\qquad$ #3＝124.0

（四）条件判别语句 IF，ELSE，ENDIF

格式1：IF 条件表达式

$\qquad$ …

$\qquad$ ELSE

$\qquad$ …

$\qquad$ ENDIF

格式2：IF 条件表达式

$\qquad$ …

$\qquad$ ENDIF

（五）循环语句 WHILE，ENDW

格式：WHILE 条件表达式

$\qquad$ …

$\qquad$ ENDW

（六）固定循环指令的实现及子程序调用的参数传递

表6-18　HNC－21/22M 系统 #0～#25 局部变量所对应的系统变量

局部变量	系统变量	局部变量	系统变量	局部变量	系统变量	局部变量	系统变量
#0	A	#1	B	#2	C	#3	D
#4	E	#5	F	#6	G	#7	H
#8	I	#9	J	#10	K	#11	L
#12	M	#13	N	#14	O	#15	P
#16	Q	#17	R	#18	S	#19	T
#20	U	#21	V	#22	W	#23	X
#24	Y	#25	Z				

三、宏程序编制

1. 宏程序调用及参数说明

M98 P_I _J _R _A _B _H _Q _Z _F _;

其中 P:宏程序本体;

I,J:圆弧中心坐标,不赋值为坐标原点;

R:圆弧半径;

A:第 1 孔的角度值,缺省值为 0°;

B:孔间角,当 B>0 时为逆时针方向加工,当 B <0 时为顺时针方向加工。当 B=0 时为整圆周均布孔加工,此时的加工方向为逆时针。如图 6-8 所示。

H:安全高度;

Q:孔数,包括第 1 孔;

Z:孔深;

F:进给量。

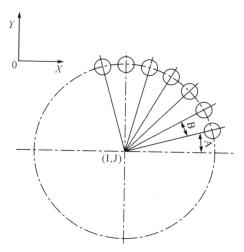

图 6-8　孔间角参数示意图

2. 程序编制

HNC－21/22M 系统用户宏程序扇形均布孔位加工程序卡如表 6-19 所示。

表 6-19　HNC－21/22M 系统扇形均布孔位加工程序卡

零件名称	扇形均布孔系零件	数控加工程序单	刀位号	使用设备	共/页
零件图号	/		T1、T2	加工中心	第/页
程序段号	程　序			程序说明	
	O1；			程序名	
N100	G90G54G00Z100				
N110	X0Y0M03S1000				
N120	Z50				
N130	M98P1234I0J0R150A15B150H5Q2Z－10F60；			加工 2－φ8 孔	
N140	G00Z100				
N150	M05				
N160	M30				
N170				换 2 号钻头	
N180	O1234；			宏程序名	
N190	IF［AR［＃16］EQ0］OR［AR［＃17］EQ0］；			判别是否定义 R 和 Q 值	
N200	M99；			没有定义则返回	
N210	ENDIF；				

N220	IF［＃1EQ0］；	判别 B 是否等于 0
N230	＃1＝360/＃16；	圆周均布孔间角
N240	ENDIF；	
N250	＃500＝0；	孔加工计数初始值
N260	WHILE＃500LE＃16；	
N270	＃23＝＃8＋＃17＊COS［［＃0＋＃500＊＃1］＊PI/180］；	X 孔位置坐标
N280	＃24＝＃9＋＃17＊SIN［［＃0＋＃500＊＃1］＊PI/180］；	Y 孔位置坐标
N290	G90G00X［＃23］Y［＃24］；	加工孔定位
N300	Z［＃7］；	定位到安全高度
N310	G01Z［＃25］F［＃5］；	加工到孔底
N320	Z［＃7］；	返回到安全高度
N330	＃500＝＃500＋1；	孔数累加
N340	ENDW；	
N350	G00Z100；	
N360	X0Y0；	
N370	M99；	子程序结束
N390		
N400	O2	
N410	G90G54G00Z100	
N420	X0Y0M03S1000	
N430	Z50	
N440	M98P1234I0J0R150A15B150H5Q2Z－10F60；	加工 13－φ4 孔
N450	G00Z100	
N460	M05	
N470	M30	
N490		
N500	O1234；	宏程序名
N510	IF［AR［＃16］EQ0］OR［AR［＃17］EQ0］；	判别是否定义 R 和 Q 值
N520	M99；	没有定义则返回
N530	ENDIF；	
N540	IF［＃1EQ0］；	判别 B 是否等于 0
N550	＃1＝360/＃16；	圆周均布孔间角
N560	ENDIF；	

N570	＃500＝0；	孔加工计数初始值
N580	WHILE ＃500LE＃16；	
N590	＃23＝＃8＋＃17＊COS[[＃0＋＃500＊＃1]＊PI/180]]；	X孔位置坐标
N600	＃24＝＃9＋＃17＊SIN[[＃0＋＃500＊＃1]＊PI/180]]；	Y孔位置坐标
N610	G90G00X[＃23]Y[＃24]；	加工孔定位
N620	Z[＃7]；	定位到安全高度
N630	G01Z[＃25]F[＃5]；	加工到孔底
N640	Z[＃7]；	返回到安全高度
N650	＃500＝＃500＋1；	孔数累加
N660	ENDW；	
N670	G00Z100；	
N680	X0Y0；	
N690	M99；	子程序结束

四、技能实训

1. 实训准备

根据项目任务要求,给出扇形均布孔系零件加工工具、量具、刃具等准备清单,如表 6-20 所示。

表 6-20　扇形均布孔位零件加工工具、量具、刃具准备清单

课题名称		扇形均布孔系零件			
序号	分类	名称	规格	单位	数量
1	机床	加工中心	MV80	台	1
2	毛坯	LY12	150mm×150mm×31mm（长×宽×高）	块	1
2	夹具	精密平口钳	150mm×50mm	台	1
3	刀具	面铣刀（或盘铣刀）	ϕ50mm	把	1
4		钻头	ϕ4mm	把	1
5		钻头	ϕ8mm	把	1
6	工具系统	强力刀柄	与立铣刀刀具匹配	套	1
7		钻夹头刀柄	与夹持钻头匹配	套	1
8	量具	游标卡尺	0～150 mm	把	1
9	其他	常用辅助工具	若干		

2. 加工准备

（1）开机，回机床参考点。

（2）检查毛坯是否符合加工要求，并安装工件，把毛坯用等高块垫在下面，放在已校正平行的平口钳中间位置，使上表面高出钳口 21～22mm（留有足够的空间完成圆弧均布孔位零件钻削加工），用木槌或橡胶锤敲击工件上表面夹紧平口钳。

（3）完成 ϕ50mm 面铣刀、ϕ10mm、ϕ8mm 钻头对刀，分别设定 G54 坐标原点。

3. 程序输入

输入表 6-19 所列参考程序到数控系统中。

4. 模拟加工

校验程序走刀轨迹是否符合机床刀具运行轨迹要求。

5. 自动加工

换刀首次加工时，为防止对刀或工件坐标系零点偏置有误，在程序执行前先进行单段加工，待确定对刀或程序运行平稳后，再取消"单段"加工，采用自动加工。在加工过程中，应根据机床运行情况，调整机床主轴转速和进给倍率，确保机床平稳、高效运行。

6. 结束准备

完成零件加工，去除零件毛刺，打扫、清理机床和周围设施，并做好机床保养等工作。

五、质量评价

根据完成零件，按照项目评分表对加工零件进行质量评价，评分表如表 6-21 所示。

表 6-21 扇形均布孔系零件评分表

工件编号				总得分			
课题名称		扇形均布孔系零件			加工设备		加工中心
项目与配分		序号	技术要求	配分	评分标准	检测结果	得分
工件加工质量 （60分）	R20 球面	1	ϕ4	30	不符一处扣3分		
		2	ϕ8	10	不符一处扣5分		
		3	R_a6.4	20	升高一级全扣		
程序与工艺 （15分）		3	程序正确、合理等	5	出错一次扣1分		
		4	切削用量选择合理	5	出错一次扣1分		
		5	加工工艺制定合理	5	出错一次扣1分		
机床操作 （15分）		6	机床操作规范	7	出错一次扣1分		
		7	刀具、工件装夹	8	出错一次扣1分		
工件完整度 （10分）		8	工件无缺陷	10	缺陷一处扣2分		
安全文明生产 （倒扣分）		9	安全操作机床	倒扣	出事故停止操作 或酌情扣5～10分		
		10	工量具摆放	倒扣	不符规范酌情 扣5～10分		
		11	机床整理	倒扣			

六、常见问题解析

（1）在参数编程中，变量赋值格式要正确。
（2）注意多次嵌套格式。

七、巩固训练

用 HNC－21/22M 数控系统完成如图 6-9 所示孔系零件的加工。零件材料：LY12，毛坯尺寸：80mm×80mm×31mm，孔系零件评分表如 6-22 所示。

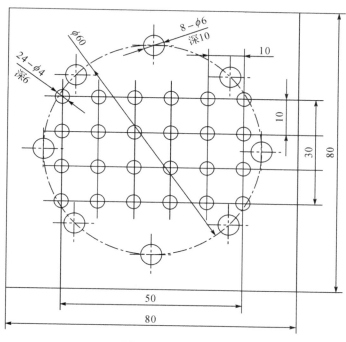

图 6-9　孔系零件图

表 6-22　孔系零件评分表

工件编号（姓名）				总得分		
课题名称		孔系零件		加工设备	加工中心	
项目与配分		序号	技术要求	配分	评分标准	检测结果	得分
工件加工质量 （60 分）	孔系	1	8－φ6	16	不符一处扣 2 分		
		2	24－φ4	44	不符一处扣 2 分		
程序与工艺 （15 分）		4	程序正确、合理等	5	出错一次扣 1 分		
		5	切削用量选择合理	5	出错一次扣 1 分		
		6	加工工艺制定合理	5	出错一次扣 1 分		

机床操作	7	机床操作规范	7	出错一次扣1分		
(15分)	8	刀具、工件装夹	8	出错一次扣1分		
工件完整度 (10分)	9	工件无缺陷	10	缺陷一处扣2分		
安全文明生产 (倒扣分)	10	安全操作机床	倒扣	出事故停止操作 或酌情扣5～10分		
	11	工量具摆放	倒扣	不符规范酌情 扣5～10分		
	12	机床整理	倒扣			

思考与练习

1. 什么是宏程序？有什么功能？
2. 简述任意系统宏程序如何进行赋值、调用。

模块七　MasterCAM X7 自动编程操作技能实训

知识目标

（1）掌握 MasterCAM X7 软件基本操作功能指令。
（2）掌握 MasterCAM X7 软件自动编程方法。

技能目标

（1）会用利用 MasterCAM X7 软件编制简单平面类零件加工程序。
（2）会用利用 MasterCAM X7 软件编制内外腔类零件加工程序。
（3）会用利用 MasterCAM X7 软件编制曲面零件的加工程序。
（4）会用利用 MasterCAM X7 软件编制孔类零件的加工程序。

任务导入

　　数控编程有手工编程和自动编程之分。自动编程就是利用计算机辅助制造软件（如 MasterCAM、Cimatron 等）自动完成数控加工程序的编制。本模块主要通过对 MasterCAM X7 的学习，会编制简单平面、轮廓以及孔系零件的自动加工程序。

任务一　平面加工

一、任务布置

　　利用 MasterCAM X7 完成如图 7-1 所示方形零件上表面加工的自动编程。零件材料为 LY12，毛坯尺寸为 100mm×100mm×23mm（长×宽×高）。

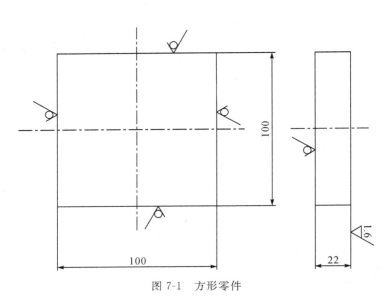

图 7-1 方形零件

【知识目标】

（1）掌握基本轮廓的绘制方法。

（2）掌握平面铣削的功能。

（3）掌握铣削平面时刀具的选用。

【技能目标】

（1）会合理选择加工刀具及调整加工时的切削参数。

（2）会合理选择刀具切入与切出进给路线。

二、工艺分析

此零件主要的加工为平面铣削加工，其加工表面的粗糙度要求为 $R_a1.6\mu m$。零件装夹采用平口虎钳装夹。工件装夹时，要注意把零件安装在平口虎钳的中间部位，并注意工件被加工部位要高出平口虎钳切深高度，避免刀具与夹具发生干涉。设置工作坐标系 G54 在工件上表面零件的对称中心交点处。

（1）加工工序

粗、精铣削工件上表面，达到表面粗糙度 $R_a1.6\mu m$。

（2）加工刀具的选择

采用 $\phi50mm$ 面铣刀完成平面的加工。数控刀具明细表及数控刀具卡见表 7-1。

表 7-1　数控刀具明细表及数控刀具卡

零件名称	零件图号	加工材料	数控刀具明细表					车间	使用设备
方形零件	/	LY12						数控车间	加工中心
序号	刀位号	刀具名称	刀具			刀补地址		换刀方式	加工部位
			规格	半径	长度	半径	长度	自动/手动	
1	/	面铣刀	$\phi50mm$	/	/	/	/	手动	工件表面

(a)ϕ50mm面铣刀

编制		审核		批准			年　月　日	共1页　第1页

（3）切削参数的设定

各工序切削参数见表 7-2 所列。

表 7-2　数控加工工序卡

×××××机械厂	数控加工工序卡		产品名称	零件名称	零件图号
			/	方形零件	/
工序号	夹具名称	夹具编号	车间	使用设备	加工材料
/	精密平口钳	/	数控车间	加工中心	LY12

工步号	工步内容	程序编号	刀位号	刀具规格	主轴转速 S(r/min)	进给速度 F(mm/min)	切削深度 a_p(mm)	备注
1	铣零件上表面	O0001	/	ϕ50	800	100	1	/

编制		审核		审批		共1页　第1页

三、知识链接

1. 平面铣削方式的选择

在"平面加工参数"选项卡"切削方式"下拉列表中选择不同的铣削方式，如图 7-2 所示。

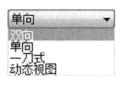

图 7-2　铣削方式　　　　　　　　　图 7-3　刀具移动方式

（1）双向。刀具在加工中可以往复走刀，来回切削。在"两切削间移动方式"下拉列表中，系统提供了 3 种刀具移动的方式，如图 7-3 所示。

1）高速回圈。选择该选项时，刀具按圆弧的方式移动到下一次铣削的起点。

2）线性。选择该选项时，刀具以直线的方式移动到下一次铣削的起点。

3）快速位移。选择该选项时，刀具以直线的方式快速移动到下一次铣削的起点。

（2）单向—顺铣。刀具仅沿一个方向走刀，前进时切削，返回时空走。在加工中刀具旋转方向与刀具移动方向相反，即顺铣。

（3）单向—逆铣。刀具仅沿一个方向走刀，在加工中刀具旋转方向与刀具移动方向相同，即逆铣。

（4）一刀式。仅进行一次铣削，刀具路径的位置为几何模型的中心位置，这时刀具的直径必须大于铣削工件表面的宽度。

（5）动态视图。刀具路径会根据刀具的大小以及轮廓的大小进行渐切走刀，这种走刀方式可以避免刀具的全齿切削。

2.其他参数

（1）非切削向的延伸量。设置垂直刀具路径方向的重叠量。

（2）切削方向的延伸量。设置沿刀具路径方向的重叠量。

（3）进刀引线延伸长度。起点附加距离。

（4）退刀引线延伸长度。终点附加距离。

（5）步进量。该文本框用于设置两条刀具路径间的距离。但在实际加工中，两条刀具路径间的距离一般会小于该值，这是因为系统在生成刀具路径时，首先计算出铣削的次数，铣削的次数等于铣削宽度除以设置的"步进量"值后向上取整。实际的刀具路径间距为总铣削宽度除以铣削次数。

（6）校刀位置。该下拉列表和"刀具在转角处走圆"下拉列表用于设置刀具的偏移方式，与外形铣削部分不同。

四、技能实训

具体步骤：

（1）双击 MasterCAM X7 快捷键，进入软件绘图界面。

（2）在草绘对话框中单击绘制矩形图标，如图 7-4 所示。

图 7-4　草绘对话框　　　　　　　　图 7-5　绘制矩形框数据栏

（3）在绘制矩形框数据栏中分别输入宽度 100mm、高度 100mm，如图 7-5 所示。

（4）鼠标选取坐标原点为基准点位置，单击鼠标左键确定，绘制如图 7-6 所示矩形。

（5）单击主菜单【机床类型】命令，在下拉菜单中选择【铣床】命令，并在其下拉菜单中选择【默认】命令（或者在【机床列表管理】中，选择合适的数控铣床类型），进入加工环境，系统将自动初始化铣削机床应用模块。

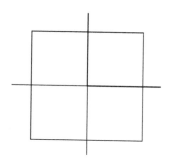

图 7-6　矩形绘制示意图

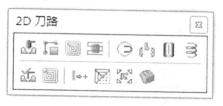

图 7-7　2D 刀具路径工具栏

（6）单击主菜单【刀具路径】命令，在下拉菜单中选择【平面铣】命令（或者在 2D 刀具路径工具栏中，如图 7-7 所示，单击面铣按钮 ▤），系统弹出如图 7-8 所示"输入新的 NC 名称"对话框，单击 ☑ 按钮，系统弹出如图 7-9 所示"串联选项"对话框，同时出现提示："选取串连 1"。

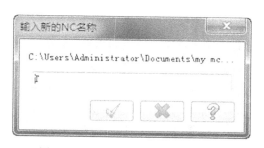

图 7-8　"输入新的 NC 名称"对话框

图 7-9　"串联选项"对话框

（7）在绘图区，选取 100mm×100mm 任意线框，系统自动完成平面铣削线框的串联选取，如图 7-10 所示。单击 ☑ 确认，系统弹出"2D 刀具路径－平面铣削"选项卡，如图 7-11 所示。

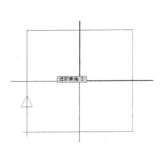

图 7-10　平面铣削线框选取

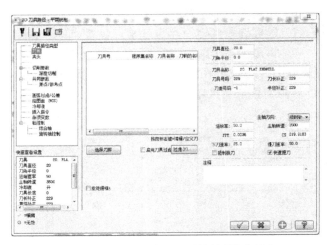

图 7-11　"2D 刀具路径－平面铣削"选项卡

（8）在"2D 刀具路径－平面铣削"选项卡中，单击【刀具】命令，单击【选择刀库】命令，从"选择刀具"选项卡中，按照表 7-1 所列，选取 ϕ50mm 面铣刀，如图 7-12 所示。单击 ✓ 确认，完成刀具的选择。

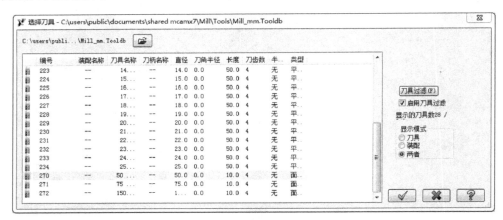

图 7-12　"选择刀具"选项卡

（9）按照表 7-2 所列切削参数，设置完成 ϕ50mm 面铣刀切削参数。

（10）单击【切削参数】命令，单击"类型"下拉菜单，选择【双向】命令，其他切削参数默认。

（11）单击【共同参数】命令，设置"深度"值为－1mm，选取"绝对坐标"方式，其他参数默认，如图 7-13 所示。

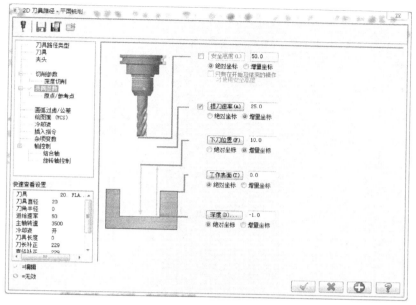

图 7-13 "共同参数"选项卡

（12）在"2D 刀具路径－平面铣削"选项卡中，单击 ✓ 确认，完成平面铣削刀具路径设置，如图 7-14 所示。

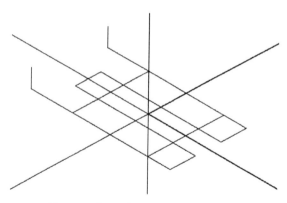

图 7-14 "平面铣削"刀具路径示意图

五、常见问题解析

（1）注意在设置切削参数时不能遗漏底面预留量的设置。

（2）注意在公共参数里面的安全高度，不能太低，以免加工时发生碰撞。

（3）加工时注意刀具的走刀路径，尽量保证零件的美观。

六、巩固训练

利用 MasterCAM X7 完成如图 7-15 所示方形零件表面加工的自动编程。零件材料为 LY12，毛坯尺寸为 $\phi 100\text{mm} \times 20\text{mm}$（直径×高）。

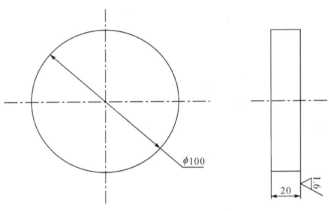

图 7-15　圆形零件

任务二　轮廓加工

一、任务布置

利用 MasterCAM X7 完成如图 7-16 所示四方零件的自动编程加工。零件材料为 LY12，毛坯尺寸为 100mm×100mm×20mm（长×宽×高）。

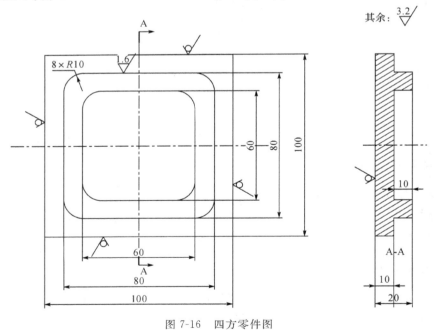

图 7-16　四方零件图

【知识目标】

（1）提高基本轮廓的绘制方法。

（2）掌握轮廓铣削的功能。

（3）掌握轮廓铣削时刀具的选用。

【技能目标】

（1）会合理选择加工刀具及调整加工时的切削参数。

（2）会合理选择刀具切入与切出进给路线。

（3）会合理选用刀具左右补偿以及精度调整。

二、工艺分析

此零件主要的加工为侧面轮廓铣削加工,侧面的粗糙度要求为$R_a1.6$,零件装夹采用平口虎钳装夹。工件装夹时,要注意把零件安装在平口虎钳的中间部位,并注意工件被加工部位要高出平口虎钳切深高度,避免刀具与夹具发生干涉。设置工作坐标系G54在工件上表面零件的对称中心交点处。

（1）加工工序

粗、精铣削工件外侧面,保证外侧面粗糙度,再加工内侧面。

（2）加工刀具的选择

采用ϕ10mm立铣刀完成平面的加工。数控刀具明细表及数控刀具卡如表7-3所示。

表7-3　数控刀具明细表及数控刀具卡

零件名称	零件图号	加工材料	数控刀具明细表					车间	使用设备
四方零件	/	LY12						数控车间	加工中心
序号	刀位号	刀具名称	刀具			刀补地址		换刀方式	加工部位
			规格	半径	长度	半径	长度	自动/手动	
1	/	立铣刀	ϕ10mm	5	50	/	/	手动	工件侧面

ϕ10mm立铣刀

编制		审核		批准		年　月　日	共1页　第1页

（3）切削参数的设定

各工序切削参数见表7-4。

表 7-4　数控加工工序卡

×××××机械厂	数控加工工序卡		产品名称	零件名称	零件图号
			/	四方零件	/
工序号	夹具名称	夹具编号	车间	使用设备	加工材料
/	精密平口钳		数控车间	加工中心	LY12
工步号	工步内容	程序编号	刀位号	刀具规格	主轴转速 S(r/min)	进给速度 F(mm/min)	切削深度 a_p(mm)	备注
1	铣零件外侧面精	O0001	/	φ10	1000	100	10	/
2	铣零件内侧面精	O0002	/	φ10	1000	100	10	/
编制		审核		审批			共 1 页　第 1 页	

三、知识链接

1. 轮廓铣削方式选择

轮廓铣削也称外形铣削，在 MasterCAM X7 软件中外形铣削方式主要有 2D、2D 倒角、斜插、残料加工、摆线式等，如图 7-17 所示。

（1）2D。刀具路径的铣削深度是相同的，其最后切削深度 Z 轴坐标值为铣削深度值。

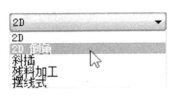

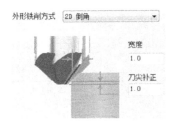

图 7-17　"加工类型"选项框　　　　图 7-18　"倒角加工"对话框

（2）2D 倒角。该加工一般安排在外形铣削加工完成后，用于加工的刀具必须选择"倒角刀"。用于倒角操作时，角度由刀具决定，倒角的宽度可以通过单击"倒角加工"按钮，在打开的"倒角加工"对话框中进行设置，如图 7-18 所示。

（3）斜插。当串连图形是二维曲线时，会用到螺旋式加工，一般是用来加工铣削深度较大的外形。在进行螺旋式外形加工时，可以选择不同的走刀方式。单击"渐降斜插"按钮，打开"外形铣削的渐降斜插"对话框，如图 7-19 所示，系统提供了 3 种走刀方式。当选中"角度"或"深度"单选按钮时，都为斜线走刀方式，而选中"钻削式"单选按钮时，刀具先进到设置的铣削层的深度，然后在 XY 平面移动。对于"角度"和"深度"选项，定义刀具路径与 XY 平面的夹角方式各不相同，"角度"选项直接采用设置的角度，而"深度"选项则设置每一层铣削的"斜插深度"。

图 7-19　"斜插"选项框

（4）残料加工。残料加工也是当串连图形是二维曲线时才会用到的，一般用于铣削在上一次外形铣削加工后留下的残余材料。为了提高加工速度，当铣削加工的铣削量较大时，可以采用大尺寸刀具和大进刀量，接着采用残料加工来得到最终的光滑外形。由于采用大直径的刀具时，在转角处材料不能被铣削或以前加工中预留的部分形成残料，可以通过单击"残料加工"按钮，在打开的"外形铣削的残料加工"对话框中进行残料外形加工的参数设置，如图 7-20 所示。

（5）摆线式。只有在加工不规则轮廓的时候会用到，走刀轨迹有点类似螺旋加工，摆线加工的深度会随着参数变化而变化，如图 7-21 所示。

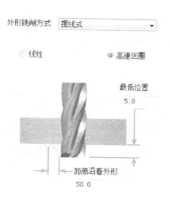

图 7-20　"残料加工"选项框

图 7-21　"摆线加工"选项框

2. 刀具补偿

刀具都有一个直径，若刀具中心点和需要加工的轮廓外形线重合，则加工尺寸小一个刀具半径值，因此要进行刀具半径补偿。刀具补偿指的是将刀具路径从选取的工件加工边界上按指定方向偏移一定的距离。

（1）补偿类型。"刀具补偿"对话框如图 7-22 所示。其对话框中"补正方式"下拉列表中选择补偿器的类型。

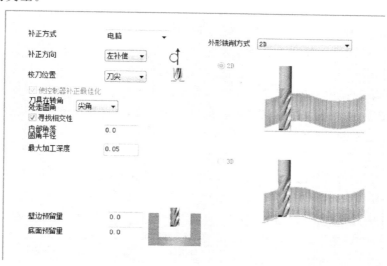

图 7-22　"刀具补偿"对话框

1）电脑。由计算机计算进行刀具补偿后的刀具路径。

2）控制器。不在 MasterCAM X7 中进行补偿，而在生成的程序中生成 G40、G41、G42 刀补指令，由数控机床进行刀具补偿。

3）磨损。磨损补偿，刀具在使用过程中会发生磨损，补偿量由设置的磨损补偿值进行补偿。

4）反向磨损。反向磨损补偿。

5）关。不补偿，选择此项，刀具中心会与工件轮廓重合。

（2）分层铣削。

1）Z 轴分层铣削。铣削的厚度较大时，可以采用 Z 轴分层铣削，如图 7-23 所示。选中"Z 轴分层铣削"按钮前的复选框后，单击该按钮打开"深度分层切削设置"对话框。

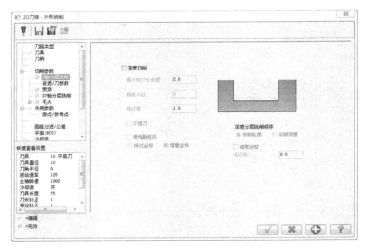

图 7-23　"深度分层切削设置"对话框

①最大粗切步进量。用于输入在粗加工时的最大进刀量。

②精修次数。用于输入精加工的次数。

③精修量。用于输入在精切削时的最大进刀量。

④不提刀。此复选框用于设置刀具在每一层切削后，是否回到下刀位置的高度。

⑤使用副程序。此复选框用于设置在 NC 文件中是否生成子程序。

⑥分层铣削顺序。此选项组用于设置深度铣削的顺序是"依照轮廓"或者"依照深度"。

⑦锥度斜壁。选中此复选框，在"锥底角"文本框中输入一个角度值，从工件表面铣削到最后深度，加工出来的外形侧面为一个斜面。

（3）进退刀设置。在外形铣削加工中，一般情况下是从工件上方垂直进刀，但很多刀具不允许向下切削，因此可以在外形铣削前和完成外形铣削后添加一段进刀/退刀刀具路径，改为从侧面进刀/退刀。进刀/退刀刀具路径由一段直线刀具路径和一段圆弧刀具路径组成，直线和圆弧的外形可通过"进刀/退刀"对话框进行设置。选中"切削参数"按钮前的复选框后单击"进退/刀设置"按钮，打开如图 7-24 所示对话框，一个封闭的外形铣削，会在进/退刀处留下接刀痕。"重叠量"选项应用于一个封闭的外形铣削的退出端点。在退出刀具路径前，刀具超过刀具路径的终点这样一个距离，再加工这样一个距离，以消除接刀痕。在文本框内输入一个重叠距离。

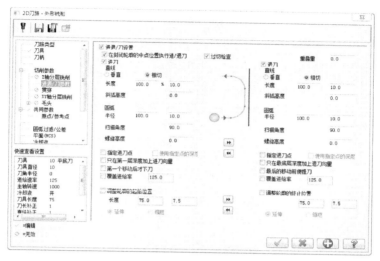

图 7-24　进退刀设置对话框

1) 进刀。在外形铣削前添加一段进刀刀具路径,该进刀刀具路径由一段直线刀具路径和一段圆弧刀具路径组成。选择进刀,可以设置下列选项。

①直线。设置直线进刀刀具路径,如图 7-25 所示。

a)垂直。设置进刀刀具路径垂直于切削方向。

b)相切。设置进刀刀具路径正切于切削方向。

c)长度。设置进刀刀具路径的长度,设置该值为 0 时,无进刀刀具路径。

d)斜向高度。增加一个深度至进刀刀具路径,设置该值为 0 时,无渐升或渐降高度。

②圆弧。设置圆弧进刀刀具路径,如图 7-26 所示。

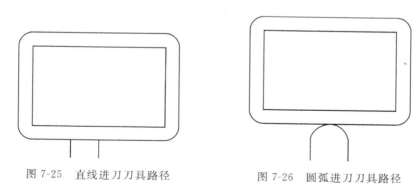

图 7-25　直线进刀刀具路径　　　　图 7-26　圆弧进刀刀具路径

a)半径。定义进刀圆弧的半径,进刀圆弧总是正切于刀具路径,设置该值为 0 时,无进刀圆弧。

b)扫掠角度。设置进刀圆弧扫掠的角度。

c)螺旋高度。设置螺旋状圆弧的进刀高度,设置该值为 0 时,无螺旋高度。

③指定进刀点。用户自定义进/退刀点。

④使用指定点的深度。用户自定义进退刀深度点。

⑤只在第一层深度加上进刀量。当采用深度分层加工时，只在第一层加工路径中采用刀具路径引入功能。

⑥第一个位移后才下刀。当采用深度分层加工时，第一个刀具路径将安全高度位置执行后才下刀。

⑦覆盖进给率。用于设置导入加工路径的切削速率，一般设置值小于加工进给率的70%。

⑧调整轮廓的起始位置。用于设置导入路径在外形起点的延伸或缩短量。一般用于开放轮廓中将进刀点延伸至轮廓外，使得在轮廓开始点就获得较好的加工效果，如图7-27所示。

(a)延伸引导路径　　　　　　　　　　　(b)不延伸引导路径

图 7-27　调整轮廓的起始/终止位置

⑨重叠量。加工路径中退刀路径重叠于进刀路径一长度值，即延伸了退刀点长度。

⑩在封闭轮廓的中点位置执行进/退刀。在串连几何图形线段的中点处进/退刀，否则将在几何图形的端点处（一般为转角）进/退刀，能获得较美观的加工效果。

⑪执行进/退刀的过切检查。启动引导路径的过切检查功能。

若补正设置为关，系统不能输出进刀直线和圆弧。

2）退刀。在完成外形铣削后添加一段退刀刀具路径，该路径由一段直线刀具路径和一段圆弧刀具路径组成。在选择退刀时，同样可以设置类似进刀的选项。

四、操作技能实训

利用 MasterCAM X7 软件完成四方零件轮廓加工自动编程，其具体步骤为：

(1) 双击 MasterCAM X7 快捷键，进入软件绘图界面。

(2) 单击绘制矩形 ⊡ 图标，在绘制矩形框数据栏分别输入宽度100mm、高度100mm，鼠标选取坐标原点为基准点位置，单击鼠标左键确定或单击 ☑ 确认，绘制 100mm×100mm 矩形框。同样分别绘制 80mm×80mm、60mm×60mm 矩形框，如图7-28所示。

(3) 单击倒角图标，在倒角数据栏中输入半径 10mm，倒角类型选择"常规"，如图7-29所示。

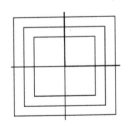

图 7-28　矩形框绘制示意图

图 7-29　倒角数据栏

(4) 鼠标左键点击要倒角的两条边，完成 8×R10 倒角，如图7-30所示。

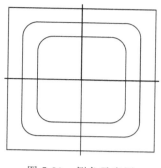

图 7-30 倒角示意图

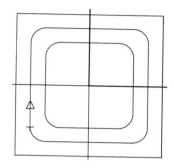

图 7-31 外形铣削线框选取

（5）单击主菜单【机床类型】命令，在下拉菜单中选择【铣床】命令，并在其下拉菜单中选择【默认】命令，进入加工环境，系统将自动初始化铣削机床应用模块。

（6）单击主菜单【刀具路径】命令，在下拉菜单中选择【外形铣削】命令，系统弹出如图 7-8 所示"输入新的 NC 名称"对话框，单击 ✓ 按钮，系统默认文件名为 T，并弹出如图 7-9 所示"串联选项"对话框，同时出现提示："选取串连 1"。

（7）在绘图区，选取 80mm×80mm 任意线框，系统自动完成外形铣削线框的串联选取（注意用鼠标左键选取串联方向为顺时针方向）如图 7-31 所示。单击 ✓ 确认，系统弹出"2D 刀路－外形铣削"选项卡。

（8）在"2D 刀路－外形铣削"选项卡中，鼠标左键单击【刀具】命令，并在刀具库空白处，右击鼠标选择"创建新刀具"命令，如图 7-32 所示。

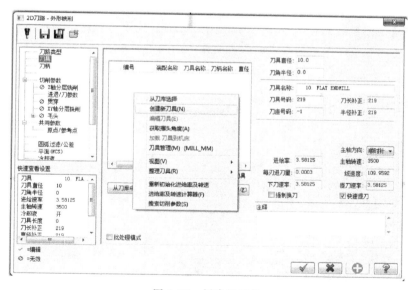

图 7-32 创建新刀具

（9）从"创建新刀具"选项卡中，选取"平底刀"类型刀具，单击"下一步"按钮，进入刀具图形参数对话框，各参数值默认。

（10）单击"下一步"按钮，进入其他参数设置对话框，如图 7-33 所示。按照表 7-4 所列刀具参数，设置相关参数，单击"完成"按钮完成刀具的创建。

图 7-33　刀具其他参数设置

（11）单击【切削参数】命令，单击"外形铣削方式"下拉菜单，选择"2D"外形铣削加工方式，如图 7-34 所示。

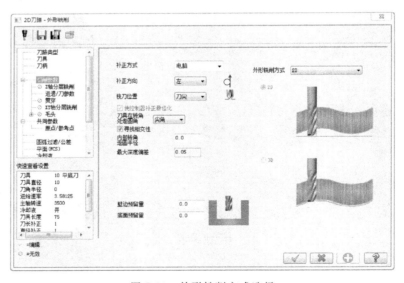

图 7-34　外形铣削方式选择

（12）单击【共同参数】命令，设置参考高度、工件表面、加工深度、冷却液等参数，如图 7-35 所示。

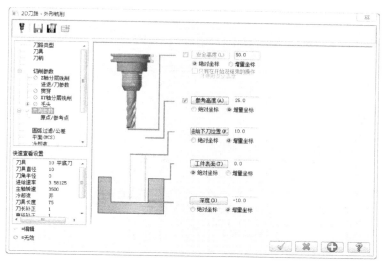

图 7-35　外形共同参数设置

（13）在"2D 刀路—外形铣削"选项卡中，单击 ✓ 按钮，完成 80mm×80mm 外轮廓刀具路径的设置，如图 7-36 所示。

（14）采用相同的方法，拾取 60mm×60mm 的内轮廓刀具路径的设置，如图 7-37 所示。注意在选取 60mm×60mm 内轮廓铣削线框时，串联方向为逆时针方向。

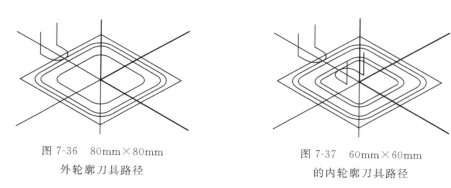

图 7-36　80mm×80mm
外轮廓刀具路径

图 7-37　60mm×60mm
的内轮廓刀具路径

（15）校验并保存文件。

（16）后处理。

五、常见问题解析

（1）在设置切削参数时如果需要设置刀具补偿的话，一定要把补正方式选到"磨损"状态。

（2）注意在切削参数里面的左右刀补的设置，不能设反，以免加工时发生过切。

（3）加工时注意刀具的走刀路径，可以充分利用分层铣削来实现不同的加工方法。

六、巩固训练

利用 MasterCAM X7 完成如图 7-38 所示方形零件精加工的自动编程。零件材料为

LY12，毛坯尺寸为 100mm×100mm×20mm（长×宽×高）。

其余：$\sqrt{\dfrac{3.2}{}}$

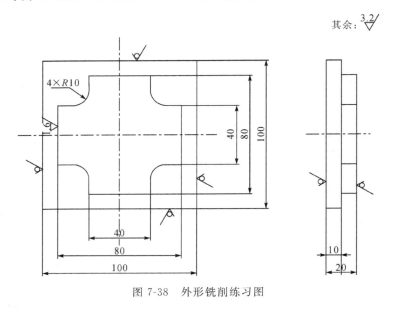

图 7-38　外形铣削练习图

任务三　挖槽加工

一、任务布置

利用 MasterCAM X7 完成如图 7-39 所示零件凹槽加工的自动编程。零件材料为 LY12，毛坯尺寸为 100mm×100mm×20mm（长×宽×高）。

其余：$\sqrt{\dfrac{3.2}{}}$

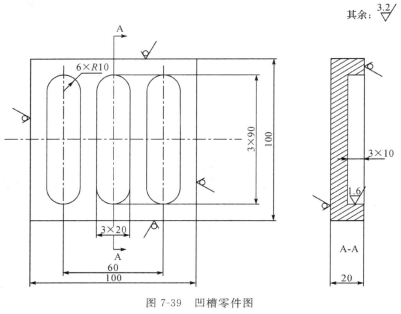

图 7-39　凹槽零件图

【知识目标】

（1）提高对基本轮廓绘制方法的掌握。
（2）掌握挖槽加工的功能。
（3）掌握挖槽铣削时刀具的选用。

【技能目标】

（1）会合理选择加工刀具及调整加工时的切削参数。
（2）会合理选择刀具 Z 向切入进给路线。
（3）会合理选用加工余量的调整。

二、工艺分析

本任务完成零件的凹槽加工。从零件图中可以看出，只要一次装夹就可以达到零件加工要求，其中槽侧面的粗糙度要求为 $R_a1.6$。

（1）加工工序

粗铣工件凹槽，再精加工工件侧面，保证凹槽侧面尺寸和表面粗糙度达到图纸规定的要求。

（2）加工刀具的选择

采用 $\phi10mm$ 立铣刀完成凹槽的加工。数控刀具明细表及数控刀具卡如表 7-5 所示。

表 7-5 数控刀具明细表及数控刀具卡

零件名称	零件图号	加工材料	数控刀具明细表				车间	使用设备
凹槽零件	/	LY12					数控车间	加工中心
序号	刀位号	刀具名称	刀具			刀补地址		换刀方式	加工部位
			规格	半径	长度	半径	长度	自动/手动	
1	/	立铣刀	$\phi10mm$	5	50	/	/	手动	凹槽

$\phi10mm$立铣刀

编制		审核		批准		年　月　日	共 1 页　第 1 页

（3）切削参数的设定

各工序切削参数见表 7-6。

表 7-6　数控加工工序卡

×××××机械厂	数控加工工序卡			产品名称	零件名称	零件图号
				/	凹槽零件	/
工序号	夹具名称	夹具编号		车　间	使用设备	加工材料
/	精密平口钳	/		数控车间	加工中心	LY12
工步号	工步内容	程序编号	刀位号	刀具规格	主轴转速 S(r/min)	进给速度 F(mm/min)	切削深度 a_p(mm)	备注
1	铣零件凹槽粗	O0001	/	φ10	1000	100	10	/
2	精铣凹槽侧面	O0002	/	φ10	2000	500	10	/
编制		审核		审批			共 1 页　第 1 页	

三、知识链接

在挖槽加工中加工余量一般比较大，在精加工之前需要通过粗加工方式来提高加工效率。因此，MasterCAM X7 软件 2D 挖槽切削参数有粗加工和精加工之分。

1. 挖槽粗加工

2D 挖槽粗加工对话框如图 7-40 所示。

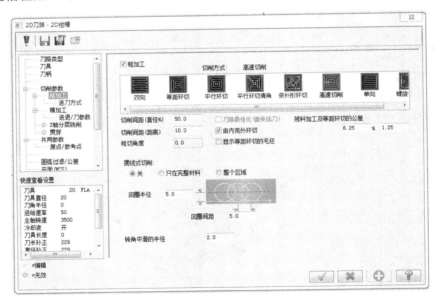

图 7-40　2D 挖槽粗加工对话框

（1）粗切走刀方式。在 MasterCAM X7 中提供了 8 种走刀方式，分别是双向、等距环切、平行环切、平行环切清角、依外形环切、高速切削、单向、螺旋切削，这 8 种方式又可分为直线切削和螺旋切削两大类。

1）直线切削方式包括双向切削和单向切削，双向切削产生一组有间隔的往复直线刀具路径来切削凹槽；单向切削所产生的刀具路径与双向切削类似，所不同的是单向切削刀具路径朝同一个方向进行切削,回刀时不进行切削。

2)螺旋切削方式是从挖槽中心或特定挖槽起点开始进刀并沿着刀具方向(Z 轴)螺旋下刀进行切削。

(2)粗加工参数。

1)切削间距(直径%)。设置在 X 轴和 Y 轴粗加工之间的切削间距,以刀具直径的百分率计算,调整"切削间距(距离)"参数自动改变该值。

2)切削间距(距离)。该选项是在 X 轴和 Y 轴计算的一个距离,等于切削间距百分率乘以刀具直径,调整"切削间距(直径%)"参数自动改变该值。

3)粗切角度。设置双向和单向粗加工刀具路径的起始方向。

4)切削路径最优化(避免插刀)。为环绕切削内腔、岛屿提供优化刀具路径,避免损坏刀具。该选项仅使用双向铣削内腔的刀具路径,并能避免切入刀具绕岛屿的毛坯太深,选择刀具插入最小切削量选项,当刀具插入形式发生在运行横越区域前,将清除绕每个岛屿区域的毛坯材料。

5)由内而外环切。用来设置螺旋进刀方式时的挖槽起点。当选中该复选框时,切削方法是从凹相中心或指定挖槽起点开始,螺旋切削至凹槽边界;当未选中该复选框时,是从挖槽边界外围开始螺旋切削至凹槽中心。

(3)下刀方式。在挖槽粗铣加工路径中,可以采用垂直下刀、斜线下刀和螺旋下刀 3 种下刀方式。选中"进刀方式"复选框,打开如图 7-41 所示对话框。

1)垂直下刀。该选项为默认的下刀方式,采用垂直下刀方式时选中"关"复选框;刀具从零件上方垂直下刀,需要选用键槽刀,下刀时要慢些。

2)螺旋下刀。采用螺旋下刀方式时需选中"螺旋式"复选框,并选择螺旋式下刀参数,如图 7-41 所示,其主要参数含义如下:

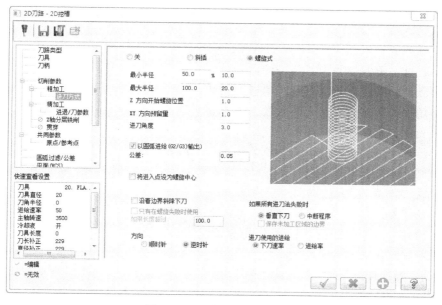

图 7-41   2D 挖槽螺旋式下刀

①最小半径。指定螺旋的最小半径。

②最大半径。指定螺旋的最大半径。

③Z高度。指定开始螺旋下刀时距工件表面的高度。

④XY方向预留量。指定螺旋槽与凹槽在X轴方向和Y轴方向的安全距离。

⑤垂直进刀角度。指定螺旋下刀时螺旋线与XY平面的夹角,角度越小,螺旋的圈数越多一般设置在 $5°\sim20°$。

⑥方向。指定螺旋下刀的方向,可设置为"顺时针"或"逆时针"。

3)斜插。单击"进刀方式"然后选择"斜插"选项就会出现如图7-42所示对话框,其主要参数含义如下:

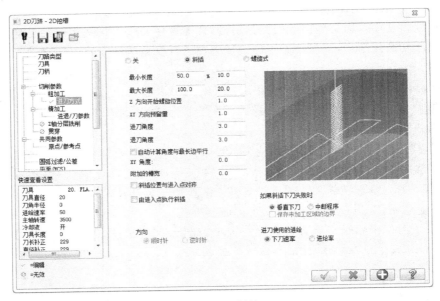

图 7-42　斜插

①最小长度。指定斜插刀具路径的最小长度。

②最大长度。指定斜插刀具路径的最大长度。

③进刀角度。指定刀具切入的角度。

④退刀角度。指定刀具切出的角度。

⑤自动计算角度与最长边平行和XY角度(自动/XY角度)。当选中此复选框时,斜线在X轴、Y轴方向的角度由系统自行决定。当未选中此复选框时,斜线在X轴、Y轴方向的角度由用户在"XY角度"右边的文本框中输入。

⑥附加的槽宽:在每个斜向下刀的端点增加一个圆角,产生一个平滑刀具移动,圆角半径等于附加槽宽的一半,该选项用于进行高速加工。

2.挖槽精加工

粗加工后,如果要保证尺寸和表面光洁度,需要进行精加工。"精加工"复选框如图7-43所示,系统可执行挖槽精加工。挖槽模组中各主要精加工切削参数含义如下:

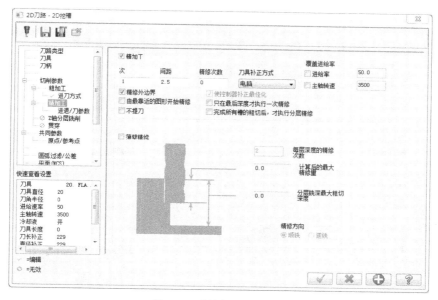

图 7-43　"精加工"复选框

（1）精修外边界。对外边界也进行精铣削，否则仅对岛屿边界进行精铣削。

（2）由最靠近的图素开始精修。在靠近粗铣削结束点位置处开始精铣削，否则按所选择的边界顺序进行精铣削。

（3）只在最后深度才执行一次精修。在最后的铣削深度进行精铣削，否则在所有深度进行精铣削。

（4）完成所有槽的粗切后，才执行分层精修。在完成所有祖切削后进行精铣削，否则在每一次粗切削后都进行精铣削，适用于多区域内腔加工。

（5）刀具补正方式。精加工刀具补正，执行该参数可启用计算机补偿或机床控制器内刀具补偿，也可以选择两者共同补偿或磨损补偿。

（6）使控制器补正最佳化。优化刀具补偿，如果该加工选择为机床控制器刀具补偿，该选项在刀具路径上消除小于或等于刀具半径的圆弧，并防止划伤表面，若不选择在控制器进行刀具补偿，此选项防止精加工刀具不能进入粗加工所用的刀具加工区。

（7）进退刀设置。选中该复选框，可在精切削刀具路径的起点和终点增加进刀/退刀刀具路径，可以单击"进/退刀设置"按钮。

四、技能实训

具体步骤如下：

（1）双击 MasterCAM X7 软件，进入绘图界面。

（2）单击绘制矩形 图标，绘制矩形框数据栏分别输入宽度 20mm、高度 80mm，然后选择倒圆角 命令，输入半径为 10mm，对矩形上下进行倒圆角处理，如图 7-44 所示。

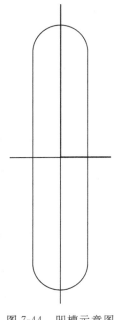

图 7-44　凹槽示意图　　　　　　　　　　图 7-45　平移对话框

（3）在主菜单栏中单击【转换】命令，在下拉菜单中单击【平移】命令，系统提示拾取图素，选中凹槽图形，单击右键结束，出现如图 7-45 所示平移对话框，根据图纸在极坐标 X 栏数据内输入偏置参数 30mm，再在极线下方的方向选项中选择双向，最后单击 ✓ ，得到如图 7-46 所示图形。

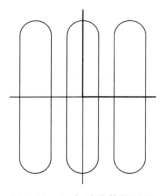

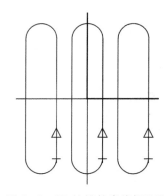

图 7-46　双向平移数据图形　　　　　　图 7-48　2D 挖槽轮廓线框选取

（5）单击主菜单【机床类型】命令，在下拉菜单中选择【铣床】命令，并在其下拉菜单中选择【默认】命令，进入加工环境，系统将自动初始化铣削机床应用模块。

（6）单击主菜单【刀具路径】命令，在下拉菜单中选择【2D 挖槽】命令，系统弹出"输入新的 NC 名称"对话框，单击 ✓ 按钮，系统弹出"串联选项"对话框，同时出现提示："选取串连 1"。

（7）在绘图区，分别在同一地方选取 3 个 20mm×80mm 凹槽线框，系统自动完成 3 个串联线的选取,如图7-47所示。单击 [✓] 确认,系统弹出"2D刀路－2D挖槽"选项卡,如图7-48所示。

（8）在"2D刀路－2D挖槽"选项卡中,单击【刀具】命令,单击【从刀库选取】命令,选取 ϕ10mm立铣刀,并按照表7-6设置刀具切削参数。

（9）设置2D挖槽加工切削参数,在粗加工对话框内选择"等距环切"命令,切削间距为3mm,如图7-48所示。

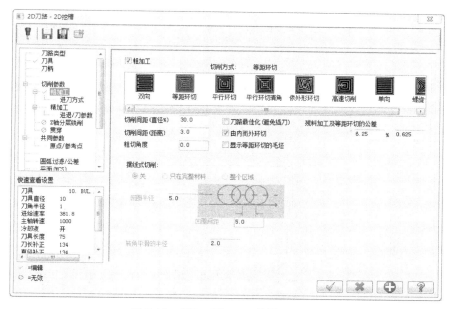

图7-48 "2D刀路－2D挖槽"选项卡

（10）设置进刀方式,最小半径1mm,最大半径5mm。同时,单击【精加工】命令,关闭精加工。

（11）设置共同参数。设置深度为－10mm,其他参数默认。

（12）单击"2D刀路－2D挖槽"对话框中的 [✓] 按钮,确定外形加工参数设置,系统将自动完成凹槽挖槽刀具加工路径的计算,如图7-49所示。

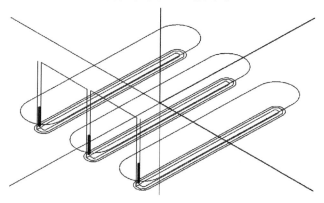

图7-49 凹槽刀具路径

（13）校验并保存文件。

（14）后处理。

五、常见问题解析

（1）注意在设置切削参数时考虑刀具的大小，否则有些加工方式不能使用。

（2）注意在粗加工里面有 8 种加工方式，在不同的情况下，尽量选择最合适的加工方式来加工。

（3）加工时注意刀具的下刀方式以及走刀路径，在加工深度很深的情况下，需要注意刀具是否会发生断刀现象。

六、巩固训练

利用 MasterCAM X7 完成如图 7-50 所示方形零件凹槽加工的自动编程。零件材料为 LY12，毛坯尺寸为 100mm×100mm×20mm（长×宽×高）。

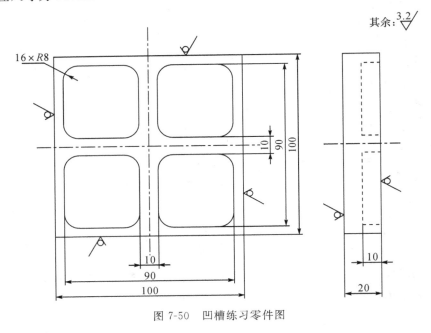

图 7-50　凹槽练习零件图

任务四　钻孔加工

一、任务布置

利用 MasterCAM X7 完成如图 7-51 所示零件钻孔加工的自动编程。零件材料为 LY12，毛坯尺寸为 100mm×100mm×20mm（长×宽×高）。

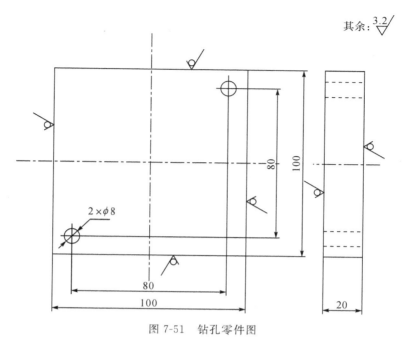

图 7-51　钻孔零件图

【知识目标】

（1）提高对基本轮廓的绘制方法的掌握。
（2）掌握孔加工的功能。
（3）掌握孔加工时刀具的选用。

【技能目标】

（1）会合理选择钻孔刀具及调整加工时的切削参数。
（2）会合理选择钻孔时孔内的加工动作。
（3）会合理保留适当的加工余量。

二、工艺分析

零件图主要加工为钻孔加工。

（1）加工工序

钻中心孔，再钻 2×φ8mm 孔，并保证孔的位置精度。

（2）加工刀具的选择

采用 A2.5mm 中心钻和 φ8mm 麻花钻完成孔的加工。数控刀具明细表及数控刀具卡如表 7-7所示。

表 7-7　数控刀具明细表及数控刀具卡

零件名称	零件图号	加工材料	数控刀具明细表					车间	使用设备
钻孔零件	/	LY12						数控车间	加工中心
序号	刀位号	刀具名称	刀具			刀补地址		换刀方式	加工部位
			规格	半径	长度	半径	长度	自动/手动	
1	/	中心钻	φ2.5	1.25	50	/	/	手动	孔
2	/	麻花钻	φ8	4	50	/	/	手动	孔

(c)φ2.5mm中心钻

(b)φ8mm麻花钻

编制		审核		批准		年　　月　　日	共1页　第1页

（3）切削参数的设定

各工序切削参数见表 7-8。

表 7-8　数控加工工序卡

××××× 机械厂	数控加工工序卡		产品名称	零件名称	零件图号
			/	钻孔零件	/
工序号	夹具名称	夹具编号	车间	使用设备	加工材料
/	精密平口钳	/	数控车间	加工中心	LY12
工步号	工步内容	程序编号	刀位号	刀具规格	主轴转速 S(r/min)	进给速度 F(mm/min)	切削深度 a_p(mm)	备注
1	钻中心孔	O0001	/	φ2.5	1200	100	5	/
2	钻通孔	O0002	/	φ8	1000	100	通孔	/

编制		审核		审批		共1页　　第1页

三、知识链接

1. 钻孔中心点选取

钻孔时使用的定位点为孔的圆心。可以选取绘图区里已有的点，也可以构建一定排列方式的点。MasterCAM X7 软件为选取钻孔中心点提供了多种方式，如图 7-52 所示。

（1）![光标] 。在屏幕上选取钻孔点的位置，系统默认选项为该手动选点方式，用户可以直接输入点坐标值确定加工位置，也可以选取已有图素上的端点、圆心点或中心点等特殊位置点。

（2）自动。单击该按钮，系统将自动选取所有的孔中心点，产生切削加工路径，这种选取方法主要应用于处在一条直线上的多点选取。选取该方式时，系统还将自动提示指定 3 个加工点作为路径方向控制点，首先选取第一点用于设置加工路径起始点，然后选取第二点用于定位加工顺序方向，再选取第三点作为加工路径终止点。

（3）选择图形。将已选择的几何对象端点作为钻孔中心。

（4）窗选。用两个对角点形成的矩形框内所包容的点作为钻孔中心点。

（5）编辑。对已选择的点进行编辑，重新设置参数，单击此按钮，系统返回图形区并提示选择点，当用户选择点后弹出如图 7-53 所示的"编辑钻孔点"对话框，在该对话框中可进行点的编辑。

图 7-52 "选取钻孔的点"对话框

图 7-53 "编辑钻孔点"对话框

（6）选择上次。使用上一次选择的点及排列方式。该功能适用于对同一组孔系产生多道加工工艺的点选取方法。

（7）排序。用来设置钻孔中心点的排序方式，系统提供了如图7-54所示的2D排序、旋转排序、交叉断面排序三类排序方式。

图7-54 排序方式

（8）限定圆弧。将圆或圆弧的圆心作为钻孔中心点。该功能主要应用于多个圆心点选取方式，用户需首先指定一个圆或圆弧取其直径作为基准，再设定一个公差范围，系统自动选取指定大小范围内圆或圆弧的所有圆心点作为钻孔点。

2. 钻孔切削参数设置

"钻孔切削参数"对话框如图7-55所示。

（1）循环方式。钻孔模组共有20种钻孔循环方式，包括8种标准方式和12种自定义方式。其中常用的7种标准钻孔循环方式如下：

1）Drill/Counterbore：钻孔或镗盲孔，其孔深一般小于刀具直径的3倍。

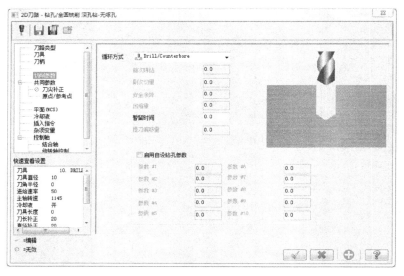

图7-55 钻孔切削参数

2）深孔啄钻，完整回缩：钻深度大于3倍刀具直径的深孔，循环中有快速退刀动作，退刀至参考高度，以便强行排去铁屑和强行冷却。

3）断屑式，增量回缩：钻孔深度大于3倍刀具直径的深孔，循环中有快速退刀动作，退一定距离，但并不退至参考高度，以便断屑。

4）攻牙：攻左旋内螺纹。

5）Bore♯1(feed-out)：用正向进刀然后反向进刀方式镗孔，该方法常用于镗盲孔。

6）Bore♯2(stop spindle, rapid out)：用正向进刀然后主轴停止让刀、快速退刀方式镗孔。

7）Fine bore(shift)：用于精镗孔，在孔的底部停转并可以让刀。

(2) 刀尖补正(钻尖补偿)。钻头与平铣刀不同,它有个钻尖,这部分的长度是不能作为有效钻孔深度的,所以一般钻孔深度是有效钻深加上钻尖长度。单击"刀尖补正"命令,打开"刀尖补正"对话框,如图 7-56 所示。设置相应的补正参数,单击 ☑ 按钮,系统将自动进行钻尖补偿。

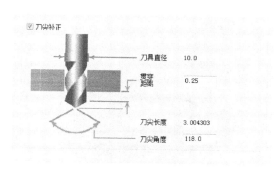

图 7-56 刀尖补正

(3) 其他孔加工参数。

1) 首次啄钻。首次钻孔深度,即第一次步进钻孔深度。

2) 副次切量。以后各次钻孔步进增量。

3) 安全间隙。每次孔加工循环中刀具快进的增量。

4) 回缩量。每次孔加工循环中刀具快退的高度,退刀且通常是一个负值,不是一个绝对高度的 Z 值。

5) 暂留时间。刀具暂时停留在孔底部的时间,停留一会可以提高孔的精度和光洁度。

6) 提刀偏移量。设定镗孔刀具在退刀前让开孔壁的距离,以防止刀具划伤孔壁,该选项仅用于镗孔循环。

四、操作技能实训

具体步骤如下:

(1) 双击 MasterCAM X7 软件,进入绘图界面。

(2) 单击绘制点 ➕ 图标,用键盘分别输入(－40,－40)和(40,40)两点,并单击 ☑ 按钮确定,完成 2×ϕ8mm 钻孔中心点的绘制,如图 7-57 所示。

(3) 单击主菜单【机床类型】命令,在下拉菜单中选择【铣床】命令,并在其下拉菜单中选择【默认】命令,进入加工环境,系统将自动初始化铣削机床应用模块。

(6) 单击主菜单【刀具路径】命令,在下拉菜单中选择【钻孔】命令,系统弹出"输入新的 NC 名称"对话框,单击 ☑ 按钮,系统弹出"选取钻孔的点"对话框,如图 7-52 所示。

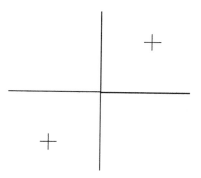

图 7-57 钻孔中心点绘制示意图

(7) 依次选取钻孔中心点,并单击 ☑ 按钮确认。系统弹出"2D 刀路－钻孔"对话框,如图 7-58 所示。

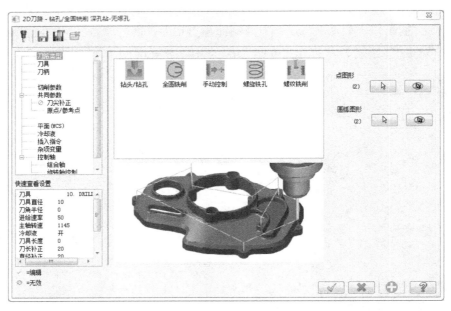

图 7-58　"2D 刀路—钻孔"对话框

（8）单击【刀具】命令，从刀库依次选择 $\phi2.5mm$、$\phi8mm$ 的中心钻和麻花钻头，并按照表 7-8 切削参数设置相应的参数值。

（9）先钻中心孔。选择 $\phi2.5$ 中心钻，设置【共同参数】中的深度值为 $-5mm$。

（10）单击 ✓ 按钮，完成钻中心孔加工刀路的设置。

（11）同样步骤完成 $2\times\phi8mm$ 钻孔加工刀路的设置，如图 7-59 所示。

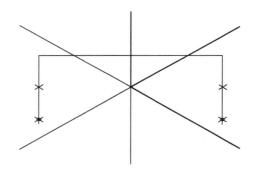

图 7-59　钻孔刀路示意图

（12）校验并保存文件。

（13）后处理。

五、常见问题解析

（1）注意在设置切削参数时考虑安全高度，防止撞刀。

（2）注意在钻孔加工里面有许多种加工方式，在不同的情况下，尽量选择最合适的加工方式来加工。

（3）加工时注意钻孔的刀具选用，比如有些需要丝锥、镗刀等特殊刀具。

六、巩固训练

利用 MasterCAM X7 完成如图 7-60 所示零件钻孔加工的自动编程。零件材料为 LY12，毛坯尺寸为 100mm×100mm×20mm（长×宽×高）。

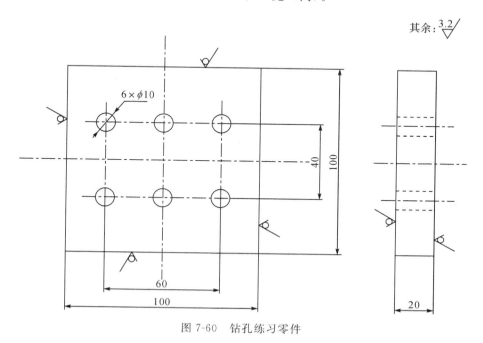

图 7-60　钻孔练习零件

模块八 数控铣削加工典型零件 操作技能实训(高级)

知识目标

(1) 了解零件加工公差的基本概念。

(2) 了解零件精度检验的基本方法。

(3) 掌握数控铣削手工(包括用户宏程序)及自动编程方法。

(4) 掌握型腔铣削、钻孔等加工的工艺知识、切削用量选择等知识。

技能目标

(1) 会利用软件完成平面铣削、简单轮廓及孔的自动编程加工。

(2) 会控制零件精度,完成配合零件的加工。

(3) 会填写数控加工工艺卡。

(4) 会简单处理零件加工误差和系统报警信息。

任务导入

通过对数控铣床(加工中心)精度检验和日常维护保养、MasterCAM X7 自动编程软件以及用户宏程序的学习之后,本模块主要完成数控铣削加工典型零件的工程实训,综合巩固和提高数控铣削的手工和自动编程方法、工艺编排、机床操作、零件检测和故障排除等操作技能。

任务一 六边形配合件零件加工

一、任务布置

完成如图 8-1 所示六边形配合件零件的加工。零件材料为 LY12,毛坯尺寸为 81mm×81mm×16mm(件 1)、81mm×81mm×31mm(件 2)。

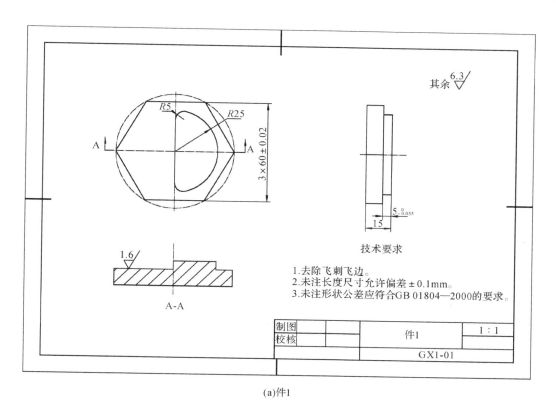

其余 $\sqrt{\dfrac{6.3}{}}$

$5^{\ 0}_{-0.035}$

15

技术要求

1.去除飞刺飞边。
2.未注长度尺寸允许偏差±0.1mm。
3.未注形状公差应符合GB 01804—2000的要求。

1.6

A-A

制图			件1	1:1
校核				
			GX1-01	

(a)件1

其余 $\sqrt{\dfrac{6.3}{}}$

120°

$3 \times 60 \pm 0.02$

80

技术要求

1.去除毛刺飞边。
2.未注长度尺寸允许偏差±0.1mm。
3.未注形状公差应符合GB 01804—2000的要求。

1.6 1.6

$5^{\ +0.03}_{\ 0}$ 30

A-A

制图			件2	1:1
校核				
			GX1-02	

(b)件2

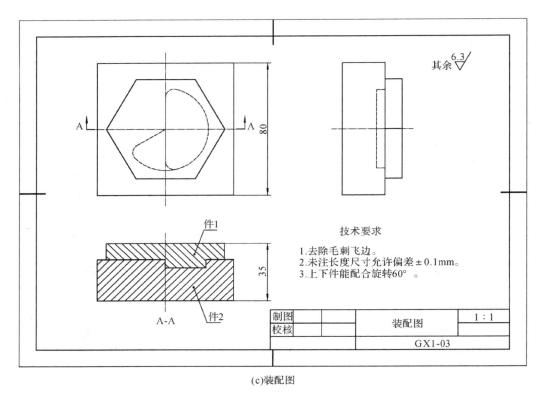

(c)装配图

图 8-1　六边形配合件零件图

二、技能实训

（一）实训准备

根据工艺方案设计要求以及项目任务要求,给出工具、量具、刃具等准备清单,如表 8-1 所示。

表 8-1　六边形配合件零件加工工具、量具、刃具准备清单

分类	序号	名称	尺寸规格（mm）	单位	数量	备注
刀具	1	立铣刀	$\phi16$、$\phi12$、$\phi10$、$\phi8$、$\phi6$	支	各1	粗、精铣,底刃过中心
	2	中心钻	A2.5	个	1	
	3	麻花钻头	$\phi6$	支	1	
工具系统	1	强力铣刀刀柄	BT40	个	1	相配的弹性套、拉钉
	2	钻夹头及刀柄	BT40（0～13 mm）	个	1	
	3	面铣刀及刀柄	BT40	个	1	
工具	1	什锦锉刀	自定	套	1	去毛刺
	2	平行垫铁	自定	副	若干	平口钳深度50mm

分类	序号	名称	尺寸规格(mm)	单位	数量	备注
量具	1	游标卡尺	0～120 mm	把	1	
	2	外径千分尺	0～100 mm	套	1	
	3	内测千分尺	5～50 mm	套	1	
	4	深度千分尺	0～25 mm	把	1	

(二) 质量评价

按照项目评分表对加工零件进行质量评价。评分表如表 8-2 所示。

表 8-2 六边形配合件零件加工评分表

姓名			图号		GX1－01/02/03	零件编号		
考核项目		考核内容及要求		配分	评分标准	检测结果		得分
主要项目	1	60 ± 0.02(6 处)		16	超差不得分			
	2	$5_{-0.035}^{0}$		7	超差不得分			
	3	$5_{0}^{+0.03}$		8	超差不得分			
一般项目	1	$R25$		4	超差不得分			
	2	$R5$		4	超差不得分			
	3	15		4	超差不得分			
	4	30		4	超差不得分			
	5	80		4	超差不得分			
	6	35		4	超差不得分			
其他	1	表面粗糙度	$R_a1.6$	2	升高一级扣 1 分,扣完为止			
			$R_a6.3$	6	升高一级扣 1 分,扣完为止			
	2	锐边倒钝		4	1 处没倒钝扣 1 分,扣完为止			
	3	完整性		8	1 处不完整扣 1 分,扣完为止			
	4	配合要求		15	件 1 与件 2 能自由配合旋转 60°,否则不得分			
	5	安全生产		5	违反有关规定扣 1～5 分			
	6	文明生产		5	违反有关规定扣 1～5 分			
	7	按时完成情况		倒扣分	超时≤15 min:扣 5 分			
					超时 15～30 min:扣 10 分			
					超时>30min:不计分			

总配分		100	总分	
现场 记录				
工时定额	3h	监考		日期
记录员		考评员		日期

任务二　圆台配合件零件加工

一、任务布置

完成如图 8-2 所示圆台配合件零件的加工。零件材料为 LY12,毛坯尺寸为 81mm×81mm×16mm(件 1)、81mm×81mm×31mm(件 2)。

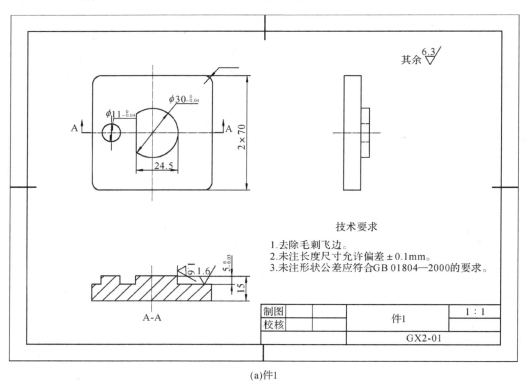

(a)件1

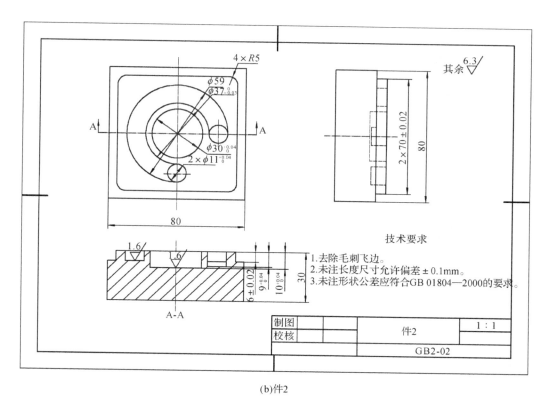

(b)件2

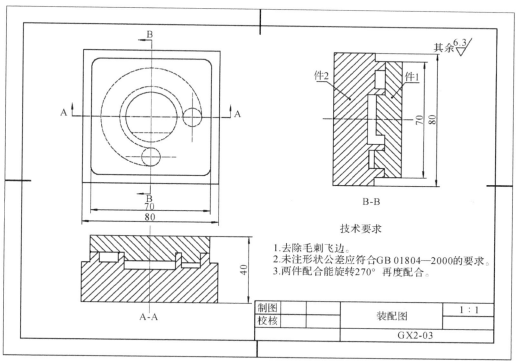

(c)装配图

图 8-2　圆台配合件零件图

二、技能实训

（一）实训准备

根据工艺方案设计要求以及项目任务要求，给出工具、量具、刃具等准备清单，如表 8-1 所示。

（二）质量评价

按照项目评分表对加工零件进行质量评价。评分表如表 8-3 所示。

表 8-3　圆台配合件零件加工评分表

姓名			图号	GX2－01/02/03		零件编号	
考核项目		考核内容及要求	配分	评分标准		检测结果	得分
主要项目	1	$\phi 30_{-0.04}^{0}$	6	超差不得分			
	2	$\phi 11_{-0.04}^{0}$	6	超差不得分			
	3	$5_{-0.03}^{0}$	4	超差不得分			
	4	70 ± 0.02（2 处）	8	超差不得分			
	5	$\phi 37_{-0.03}^{0}$	4	超差不得分			
	6	$\phi 30_{0}^{0.04}$	4	超差不得分			
	7	$\phi 11_{0}^{+0.04}$	4	超差不得分			
	8	6 ± 0.02	4	超差不得分			
	9	$9_{0}^{+0.04}$	4	超差不得分			
	10	$10_{0}^{+0.04}$	4	超差不得分			
一般项目	1	70	2	超差不得分			
	2	R5	2	超差不得分			
	3	15	2	超差不得分			
	4	24.5	2	超差不得分			
	5	80	2	超差不得分			
	6	$\phi 59$	2	超差不得分			
	7	30	2	超差不得分			
	8	80	2	超差不得分			
	9	40	2	超差不得分			

	1	表面	$R_a1.6$	2	升高一级扣 1 分,扣完为止		
其他		粗糙度	$R_a6.3$	6	升高一级扣 1 分,扣完为止		
	2	锐边倒钝		4	1 处没倒钝扣 1 分,扣完为止		
	3	完整性		8	1 处不完整扣 1 分,扣完为止		
	4	配合要求		15	件 1 与件 2 能自由配合旋转 270°, 否则不得分		
	5	安全生产		5	违反有关规定扣 1~5 分		
	6	文明生产		5	违反有关规定扣 1~5 分		
	7	按时完成情况		倒扣分	超时≤15 min:扣 5 分		
					超时 15~30 min:扣 10 分		
					超时＞30min:不计分		
总配分					100	总分	
现场 记录							
工时定额		3h		监考		日 期	
记录员				考评员		日 期	

任务三　半圆配合件零件加工

一、任务布置

完成如图 8-3 所示半圆配合件零件的加工。零件材料为 LY12,毛坯尺寸为 81mm×81mm×16mm(件 1)、81mm×81mm×31mm(件 2)。

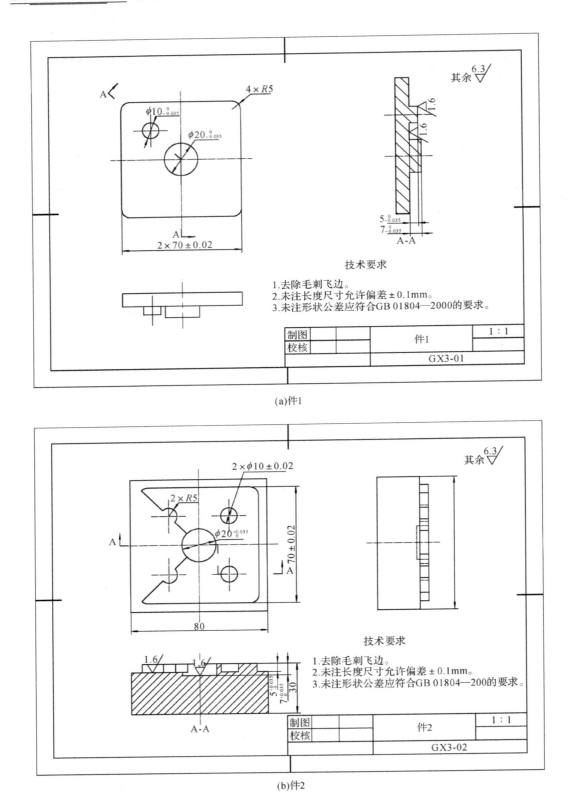

(a)件1

(b)件2

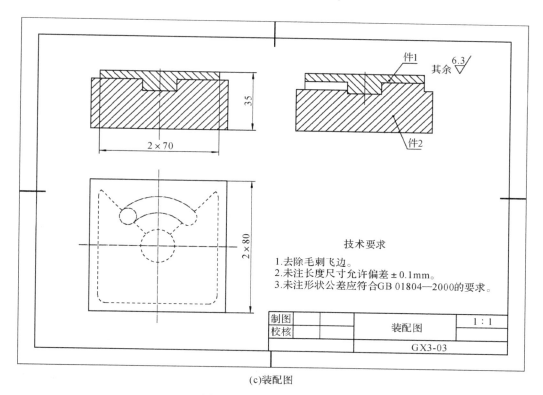

(c)装配图

图 8-3　半圆配合件零件图

二、技能实训

（一）实训准备

根据工艺方案设计要求以及项目任务要求，给出工具、量具、刃具等准备清单，如表 8-1 所示。

（二）质量评价

按照项目评分表对加工零件进行质量评价。评分表如表 8-4 所示。

表 8-4　半圆配合件零件加工评分表

姓名			图号	GX3－01/02/03	零件编号		
考核项目		考核内容及要求	配分	评分标准		检测结果	得分
主要项目	1	70 ± 0.02（4 处）	8	超差不得分			
	2	$\phi20_{-0.035}^{0}$	5	超差不得分			
	3	$\phi10_{-0.035}^{0}$	5	超差不得分			
	4	$5_{-0.035}^{0}$	5	超差不得分			
	5	$7_{-0.035}^{0}$	5	超差不得分			
	6	$\phi10\pm0.02$	5	超差不得分			
	7	$\phi20_{0}^{+0.035}$	5	超差不得分			
	8	$5_{0}^{+0.035}$	5	超差不得分			
	9	$7_{0}^{+0.035}$	5	超差不得分			
一般项目	1	$R5$	3	超差不得分			
	2	80	3	超差不得分			
	3	30	3	超差不得分			
	4	35	3	超差不得分			
其他	1	表面粗糙度 $R_a1.6$	2	升高一级扣 1 分，扣完为止			
		表面粗糙度 $R_a6.3$	6	升高一级扣 1 分，扣完为止			
	2	锐边倒钝	4	1 处没倒钝扣 1 分，扣完为止			
	3	完整性	8	1 处不完整扣 1 分，扣完为止			
	4	配合要求	15	件 1 与件 2 能自由配合			
	5	安全生产	5	违反有关规定扣 1～5 分			
	6	文明生产	5	违反有关规定扣 1～5 分			
	7	按时完成情况	倒扣分	超时≤15 min：扣 5 分			
				超时 15～30 min：扣 10 分			
				超时＞30min：不计分			
总配分				100		总分	
现场记录							
工时定额		3h		监考		日期	
记录员				考评员		日期	

任务四 "十"字槽配合件零件加工

一、任务布置

完成如图 8-4 所示"十"字槽配合件零件的加工。零件材料为 LY12,毛坯尺寸为 81mm ×81mm×16mm(件 1)、81mm×81mm×31mm(件 2)。

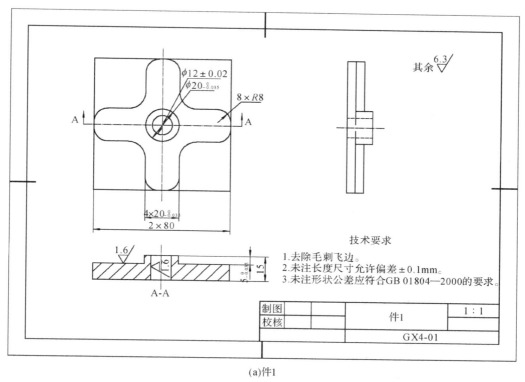

(a)件1

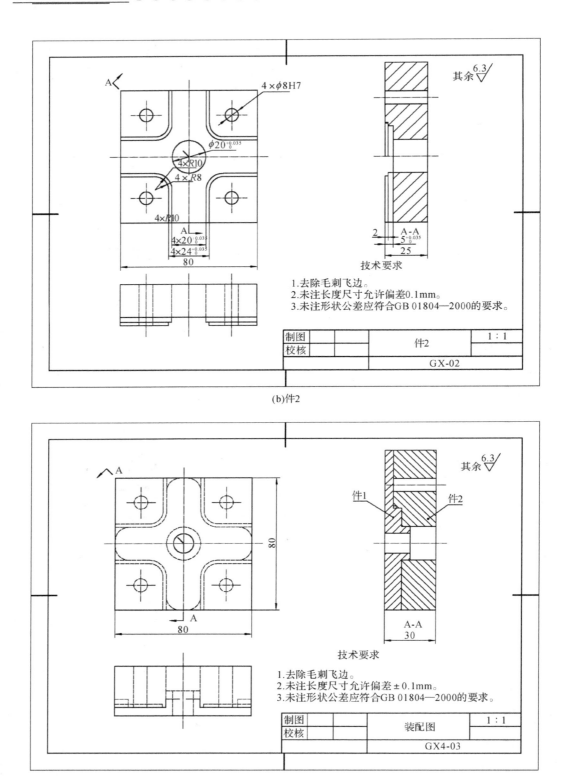

(b)件2

(c)装配图

图 8-4 "十"字槽配合件零件图

二、技能实训

(一)实训准备

根据工艺方案设计要求以及项目任务要求,给出工具、量具、刃具等准备清单,如表 8-1 所示。

(二)质量评价

按照项目评分表对加工零件进行质量评价。评分表如表 8-5 所示。

表 8-5 "十"字槽配合件零件加工评分表

姓名		图号		GX4－01/02/03	零件编号	
考核项目		考核内容及要求	配分	评分标准	检测结果	得分
主要项目	1	$20_{-0.035}^{0}$(8 处)	8	超差不得分		
	2	$\phi20_{-0.035}^{0}$	5	超差不得分		
	3	$\phi12\pm0.02$	5	超差不得分		
	4	$5_{-0.035}^{0}$	5	超差不得分		
	5	$24_{0}^{+0.035}$(4 处)	5	超差不得分		
	6	$20_{0}^{+0.035}$	5	超差不得分		
	7	$\phi20_{0}^{+0.035}$	5	超差不得分		
	8	$5_{0}^{+0.035}$	5	超差不得分		
	9	$\phi8H7$	5	超差不得分		
一般项目	1	$R8$	2	超差不得分		
	2	15	2	超差不得分		
	3	80	2	超差不得分		
	4	2	2	超差不得分		
	5	25	2	超差不得分		
	6	30	2	超差不得分		
其他	1	表面粗糙度 $R_a1.6$	2	升高一级扣 1 分,扣完为止		
		表面粗糙度 $R_a6.3$	6	升高一级扣 1 分,扣完为止		
	2	锐边倒钝	4	1 处没倒钝扣 1 分,扣完为止		
	3	完整性	8	1 处不完整扣 1 分,扣完为止		
	4	配合要求	15	件 1 与件 2 能自由配合		
	5	安全生产	5	违反有关规定扣 1～5 分		
	6	文明生产	5	违反有关规定扣 1～5 分		
	7	按时完成情况	倒扣分	超时≤15 min:扣 5 分		
				超时 15～30 min:扣 10 分		
				超时＞30min:不计分		

总配分		100	总分	
现场 记录				
工时定额	3h	监考		日期
记录员		考评员		日期

任务五　圆环配合件零件加工

一、任务布置

完成如图 8-5 所示圆环配合件零件的加工。零件材料为 LY12，毛坯尺寸为 81mm×81mm×31mm（件 1）、81mm×81mm×16mm（件 2）。

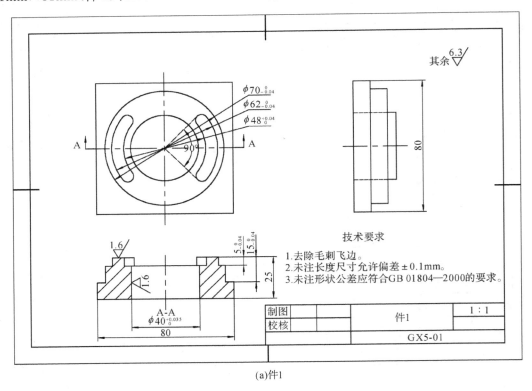

(a)件1

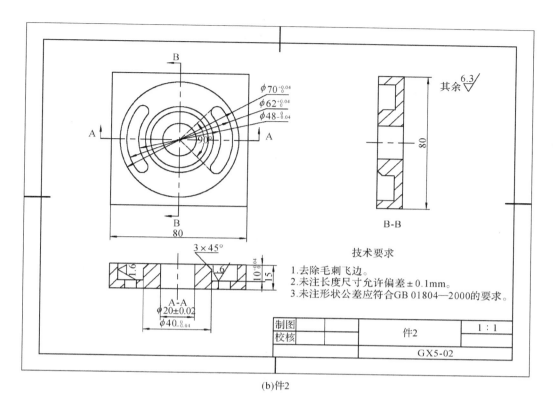

(b)件2

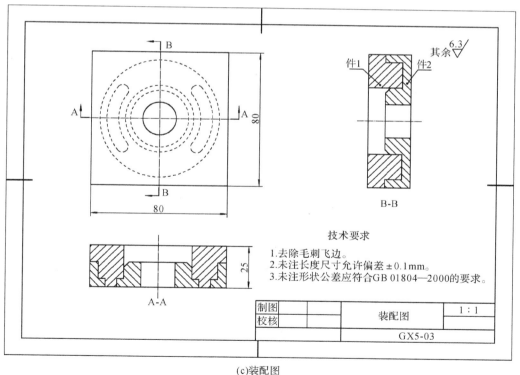

(c)装配图

图 8-5　圆环配合件零件图

二、技能实训

（一）实训准备

根据工艺方案设计要求以及项目任务要求，给出工具、量具、刃具等准备清单，如表 8-1 所示。

（二）质量评价

按照项目评分表对加工零件进行质量评价。评分表如表 8-6 所示。

表 8-6　圆环配合件零件加工评分表

姓名			图号	GX5－01/02/03		零件编号	
考核项目	考核内容及要求		配分	评分标准		检测结果	得分
主要项目	1	$\phi 70_{-0.04}^{0}$	5	超差不得分			
	2	$\phi 62_{-0.04}^{0}$	5	超差不得分			
	3	$\phi 48_{0}^{+0.04}$	5	超差不得分			
	4	$\phi 40_{0}^{+0.035}$	5	超差不得分			
	5	$5_{-0.04}^{0}$	5	超差不得分			
	6	$15_{-0.04}^{0}$	5	超差不得分			
	7	$\phi 70_{0}^{+0.04}$	4	超差不得分			
	8	$\phi 62_{0}^{+0.04}$	4	超差不得分			
	9	$\phi 48_{0}^{+0.04}$	4	超差不得分			
	10	$\phi 40_{0}^{0.04}$	4	超差不得分			
	11	$\phi 20 \pm 0.02$	4	超差不得分			
	12	$10_{0}^{+0.04}$	4	超差不得分			
一般项目	1	80	2	超差不得分			
	2	25	2	超差不得分			
	3	15	2	超差不得分			
其他	1	表面粗糙度	$R_a 1.6$	2	升高一级扣1分,扣完为止		
			$R_a 6.3$	6	升高一级扣1分,扣完为止		
	2	锐边倒钝		4	1处没倒钝扣1分,扣完为止		
	3	完整性		8	1处不完整扣1分,扣完为止		
	4	配合要求		15	件1与件2能自由配合		
	5	安全生产		5	违反有关规定扣1~5分		
	6	文明生产		5	违反有关规定扣1~5分		
	7	按时完成情况		倒扣分	超时≤15 min:扣5分		
					超时 15~30 min:扣10分		
					超时>30min:不计分		

总配分		100	总分	
现场记录				
工时定额	3h	监考		日期
记录员		考评员		日期

任务六　岛屿配合件零件加工

一、任务布置

完成如图 8-6 所示岛屿配合件零件的加工。零件材料为 LY12，毛坯尺寸为 81mm×81mm×31mm（件 1）、81mm×81mm×16mm（件 2）。

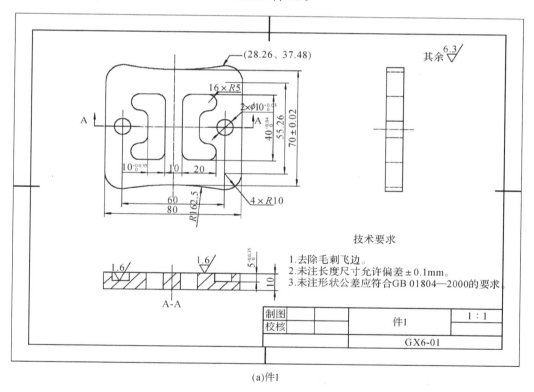

(a)件1

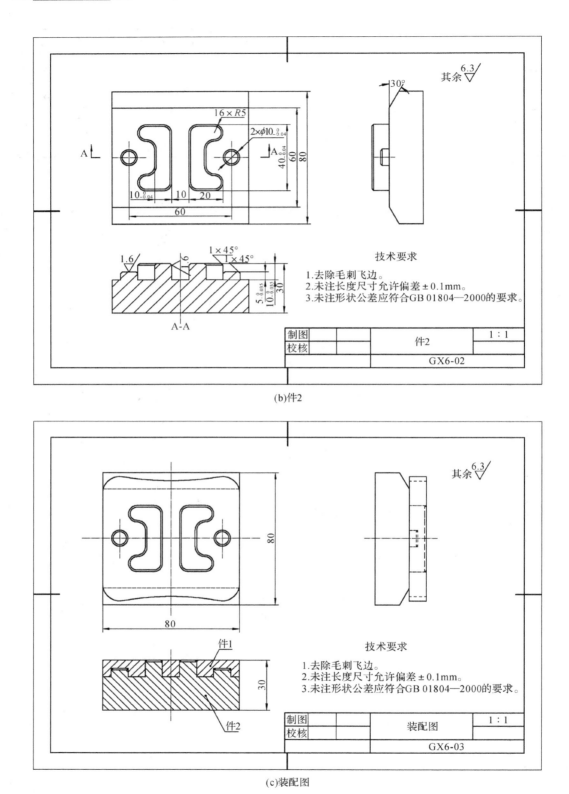

(b)件2

(c)装配图

图 8-6　岛屿配合件零件图

二、技能实训

（一）实训准备

根据工艺方案设计要求以及项目任务要求，给出工具、量具、刃具等准备清单，如表 8-1 所示。

（二）质量评价

按照项目评分表对加工零件进行质量评价。评分表如表 8-7 所示。

表 8-7　岛屿配合零件加工评分表

姓名			图号	GX6－01/02/03	零件编号		
考核项目		考核内容及要求	配分	评分标准	检测结果		得分
主要项目	1	70 ± 0.02	5	超差不得分			
	2	$40^{+0.04}_{0}$	5	超差不得分			
	3	$10^{+0.035}_{0}$	5	超差不得分			
	4	$5^{+0.035}_{0}$	5	超差不得分			
	5	$40^{0}_{-0.04}$	4	超差不得分			
	6	$10^{0}_{-0.04}$	4	超差不得分			
	7	$\phi 10^{0}_{-0.04}$	4	超差不得分			
	8	$10^{0}_{-0.035}$	4	超差不得分			
	9	$5^{0}_{-0.035}$	4	超差不得分			
	10	$1 \times 45°$	4	超差不得分			
一般项目	1	20	2	超差不得分			
	2	10	2	超差不得分			
	3	R5	2	超差不得分			
	4	60	2	超差不得分			
	5	80	2	超差不得分			
	6	10	2	超差不得分			
	7	30	2	超差不得分			
	8	30°	2	超差不得分			

	1	表面 粗糙度	$R_a1.6$	2	升高一级扣1分,扣完为止		
			$R_a6.3$	6	升高一级扣1分,扣完为止		
其他	2	锐边倒钝		4	1处没倒钝扣1分,扣完为止		
	3	完整性		8	1处不完整扣1分,扣完为止		
	4	配合要求		15	件1与件2能自由配合		
	5	安全生产		5	违反有关规定扣1~5分		
	6	文明生产		5	违反有关规定扣1~5分		
	7	按时完成情况		倒扣分	超时≤15 min:扣5分		
					超时15~30 min:扣10分		
					超时>30min:不计分		
总配分					100	总分	

现场 记录					
工时定额	3h	监考		日期	
记录员		考评员		日期	

任务七　球面配合件零件加工

一、任务布置

完成如图 8-7 所示球面配合件零件的加工。零件材料为 LY12,毛坯尺寸为 81mm×81mm×31mm(件 1)、81mm×81mm×16mm(件 2)。

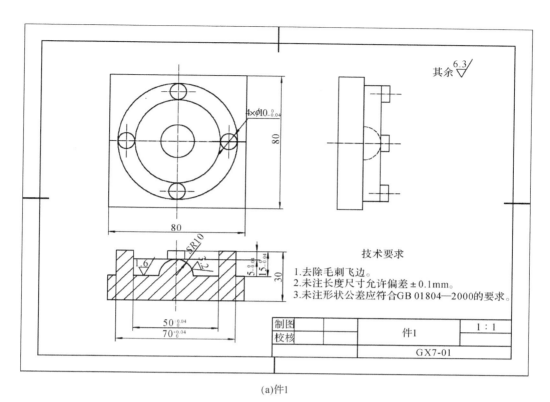

(a)件1

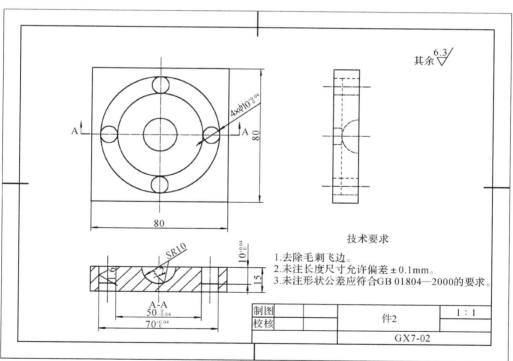

(b)件2

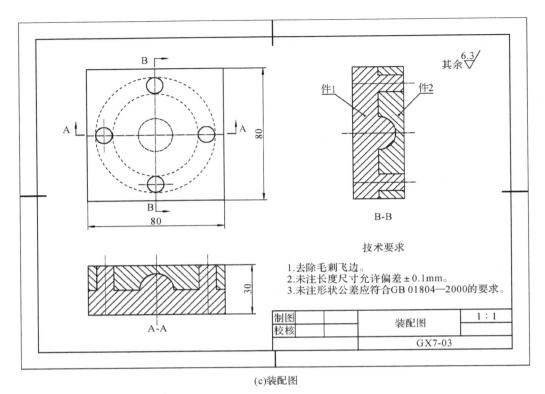

图 8-7　球面配合件零件图

二、技能实训

（一）实训准备

根据工艺方案设计要求以及项目任务要求，给出工具、量具、刃具等准备清单，如表 8-1 所列。

（二）质量评价

按照项目评分表对加工零件进行质量评价。评分表如表 8-8 所示。

表 8-8　球面配合件零件加工评分表

姓名			图号	GX7－01/02/03		零件编号	
考核项目		考核内容及要求	配分	评分标准		检测结果	得分
主要项目	1	$70_{-0.04}^{0}$	6	超差不得分			
	2	$50_{0}^{+0.04}$	6	超差不得分			
	3	$\phi10_{-0.04}^{0}$	6	超差不得分			
	4	$5_{-0.04}^{0}$	6	超差不得分			
	5	$15_{-0.04}^{0}$	6	超差不得分			
	6	$70_{0}^{+0.04}$	6	超差不得分			
	7	$50_{-0.04}^{0}$	5	超差不得分			
	8	$\phi10_{0}^{+0.04}$	5	超差不得分			
	9	$10_{0}^{+0.04}$	5	超差不得分			
一般项目	1	SR10	3	超差不得分			
	2	80	3	超差不得分			
	3	30	3	超差不得分			
其他	1	表面粗糙度 $R_a1.6$	2	升高一级扣 1 分,扣完为止			
		$R_a6.3$	6	升高一级扣 1 分,扣完为止			
	2	锐边倒钝	4	1 处没倒钝扣 1 分,扣完为止			
	3	完整性	8	1 处不完整扣 1 分,扣完为止			
	4	配合要求	15	件 1 与件 2 能自由配合			
	5	安全生产	5	违反有关规定扣 1~5 分			
	6	文明生产	5	违反有关规定扣 1~5 分			
	7	按时完成情况	倒扣分	超时≤15 min:扣 5 分			
				超时 15~30 min:扣 10 分			
				超时>30min:不计分			
总配分				100		总分	
现场记录							
工时定额		3h	监考			日期	
记录员			考评员			日期	

任务八　斜面配合件零件加工

一、任务布置

完成如图 8-8 所示斜面配合件零件的加工。零件材料为 LY12，毛坯尺寸为 81mm×81mm×16mm（件 1）、81mm×81mm×31mm（件 2）。

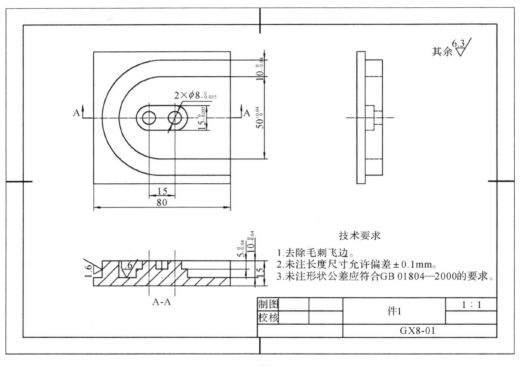

(a)件1

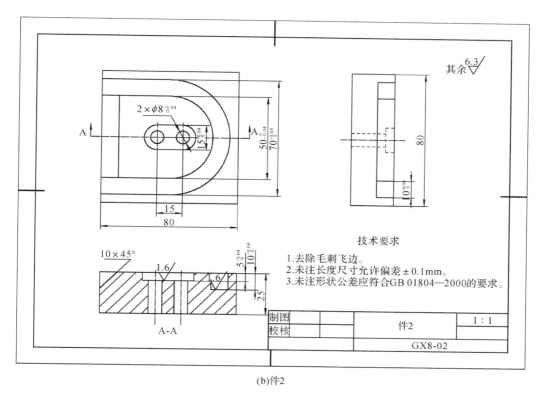

(b)件2

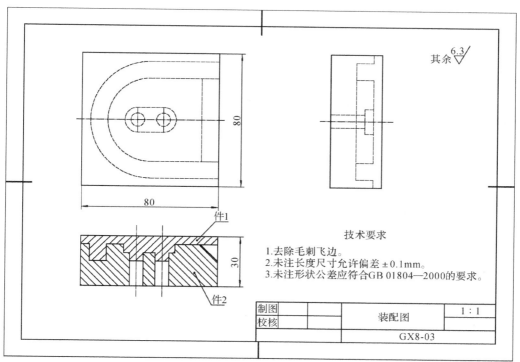

(c)装配图

图 8-8　斜面配合件零件

二、技能实训

（一）实训准备

根据工艺方案设计要求以及项目任务要求，给出工具、量具、刃具等准备清单，如表 8-1 所示。

（二）质量评价

按照项目评分表对加工零件进行质量评价。评分表如表 8-9 所示。

表 8-9 斜面配合件零件加工评分表

姓名		图号		GX8 - 01/02/03	零件编号		
考核项目		考核内容及要求	配分	评分标准		检测结果	得分
主要项目	1	$50^{+0.04}_{0}$（6 处）	5	超差不得分			
	2	$15^{0}_{-0.035}$	5	超差不得分			
	3	$5^{0}_{-0.04}$	5	超差不得分			
	4	$10^{0}_{-0.04}$	5	超差不得分			
	5	$\phi 8^{0}_{-0.035}$	5	超差不得分			
	6	$70^{+0.04}_{0}$	5	超差不得分			
	7	$50^{0}_{-0.04}$	5	超差不得分			
	8	$15^{+0.04}_{0}$	5	超差不得分			
	9	$5^{+0.04}_{0}$	4	超差不得分			
	10	$10^{+0.04}_{0}$	4	超差不得分			
	11	$\phi 8^{+0.04}_{0}$	4	超差不得分			
一般项目	1	80	2	超差不得分			
	2	15	2	超差不得分			
	3	25	2	超差不得分			
	4	$10 \times 45°$	2	超差不得分			

其他	1	表面粗糙度	$R_a1.6$	2	升高一级扣 1 分，扣完为止		
			$R_a6.3$	6	升高一级扣 1 分，扣完为止		
	2	锐边倒钝		4	1 处没倒钝扣 1 分，扣完为止		
	3	完整性		8	1 处不完整扣 1 分，扣完为止		
	4	配合要求		15	件 1 与件 2 能自由配合		
	5	安全生产		5	违反有关规定扣 1～5 分		
	6	文明生产		5	违反有关规定扣 1～5 分		
	7	按时完成情况		倒扣分	超时≤15 min：扣 5 分		
					超时 15～30 min：扣 10 分		
					超时＞30min：不计分		
总配分					100	总分	

现场记录					
工时定额	3h	监考		日期	
记录员		考评员		日期	

附表 1　FANUC 0i 系统常用 G 代码

G 代码	组别	功能	G 代码	组别	功能
★G00		快速定位	G65	00	宏程序调用
★G01	01	直线插补	G66	12	模态宏程序调用
G02		顺时针圆弧插补	★G67		模态宏程序调用取消
G03		逆时针圆弧插补	G68	16	坐标系旋转
G04	00	暂停	★G69		坐标系旋转取消
★G17		选择 XY 平面	G73		深孔钻削固定循环
★G18	02	选择 ZX 平面	G74		反螺纹攻丝固定循环
★G19		选择 YZ 平面	G76		精镗固定循环
G27		返回并检查参考点	★G80		取消固定循环
G28	00	返回参考点	G81		钻削固定循环
G29		从参考点返回	G82		钻削固定循环
★G40		取消刀具半径补偿	G83	09	深孔钻削固定循环
G41	07	左侧刀具半径补偿	G84		攻丝固定循环
G42		右侧刀具半径补偿	G85		镗削固定循环
G43		刀具长度正向补偿	G86		镗削固定循环
G44	08	刀具长度负向补偿	G87		反镗固定循环
★G49		取消刀具长度补偿	G88		镗削固定循环
G52	00	设置局部坐标系	G89		镗削固定循环
G53		选择机床坐标系	★G90	03	绝对值指令方式
★G54		选用 1 号工件坐标系	★G91		增量值指令方式
G55		选用 2 号工件坐标系	G92	00	工件零点设定
G56		选用 3 号工件坐标系	★G94	05	每分钟进给
G57	14	选用 4 号工件坐标系	G95		每转进给
G58		选用 5 号工件坐标系	★G98	10	固定循环返回初始点
G59		选用 6 号工件坐标系	G99		固定循环返回 R 点
★G64	15	切削方式			

注：(1) 标有"★"符号的 G 代码需通过参数设置才能在机床开机或复位时生效。

（2）同一组别都标有"★"符号的 G 代码，可以通过参数设置选择系统默认 G 代码。

（3）不同组别 G 代码可以放在同一程序段中指定，而且与顺序无关，如果在同一程序中指定同组 G 代码，最后指定的 G 代码有效。

（4）如果在固定循环中指令了 01 组别的 G 代码，则固定循环被取消与指令 G80 相同。

（5）00 组中的 G 代码是非模态的其他组的 G 代码是模态的。

附表 2 SINUMERIK 802D 系统常用 G 代码

指令	功能	指令	功能
G00	快速定位	G91	相对编程
★G01	直线插补	G94	每分钟进给
G02	顺时针圆弧插补	★G95	每转进给
G03	逆时针圆弧插补	CFTCP	关闭进给率修调
G04	暂停	CFC	圆弧加工时打开进给率修调
★G17	选择 XY 平面	TRANS	可编程偏置
G18	选择 XZ 平面	ATRANS	附加的编程偏置
G19	选择 YZ 平面	SCALE	可编程比例系数
★G40	刀具半径补偿取消	ASCALE	附加的编程比例系数
G41	左刀补	MIRROR	可编程镜像
G42	右刀补	AMIRROR	附加的可编程镜像
G54	第 1 可设定零点偏置	ROT	可编程旋转
G55	第 2 可设定零点偏置	AROT	附加的编程旋转
G56	第 3 可设定零点偏置	CYCLE81	钻削、中心钻孔固定循环
G57	第 4 可设定零点偏置	CYCLE83	深孔钻削固定循环
G58	第 5 可设定零点偏置	CYCLE84	刚性攻丝固定循环
G59	第 6 可设定零点偏置	CYCLE85	铰孔固定循环
G74	回参考点	CYCLE86	镗孔固定循环
G75	回固定点	CYCLE90	螺纹铣削固定循环
★G90	绝对编程		

注:(1) 标有"★"符号的指令在程序启动时生效。

(2) G 指令按功能组划分,一个程序段中只有一个 G 功能组中的一个 G 功能指令。

附表 3　HNC－21/22M 系统常用 G 代码

G 代码	组别	功能	G 代码	组别	功能
G00		快速定位	G57		第四工件坐标系
★G01	01	直线插补	G58	11	第五工件坐标系
G02		顺时针圆弧插补	G59		第六工件坐标系
G03		逆时针圆弧插补	G60	00	单方向定位
G04	00	暂停	★G61	12	精确停止校验方式
G07	16	虚轴指定	G64		连续方式
G09	00	准停校验	G65	00	子程序调用
★G17		XY 平面选择	G68	05	旋转变换
G18	02	ZX 平面选择	★G69		旋转取消
G19		YZ 平面选择	G73		深孔钻削循环
G20		英寸输入	G74		左旋螺纹攻丝循环
★G21	08	毫米输入	G76		精镗循环
G22		脉冲当量	★G80		固定循环取消
G24	03	镜像开	G81		钻孔循环
★G25		镜像关	G82		钻孔循环
G28	00	返回到参考点	G83	06	深孔钻孔循环
G29		由参考点返回	G84		攻丝循环
★G40		刀具半径补偿取消	G85		镗孔循环
G41	09	左刀补	G86		镗孔循环
G42		右刀补	G87		反镗循环
G43		刀具长度正向补偿	G88		镗孔循环
G44	10	刀具长度负向补偿	G89		镗孔循环
★G49		刀具长度补偿取消	★G90	13	绝对坐标编程
★G50	04	缩放关	G91		相对坐标编程
G51		缩放开	G92	00	工件坐标系设定
G52	00	局部坐标系设置	★G94	14	每分钟进给
G53		机床坐标系设置	G95		每转进给
★G54		第一工件坐标系	★G98	15	循环返回其始点
G55	11	第二工件坐标系	G99		循环返回参考平面
G56		第三工件坐标系			

注:(1) 当机床电源打开或按重置键时,标有"★"符号的 G 代码被激活,即缺省状态。

(2) 不同组别 G 代码可以放在同一程序段中指定,而且与顺序无关,如果在同一程序中指定同组 G 代码,最后指定的 G 代码有效。

(3) 00 组中的 G 代码是非模态的其他组的 G 代码是模态的。

参考文献

[1]姬瑞海.数控编程与操作技能实训教程[M].北京:清华大学出版社,2010.

[2]韩鸿鸾.数控铣工/加工中心操作工(中级)[M].北京:机械工业出版社,2006.

[3]沈建峰/虞俊.数控铣工/加工中心操作工(高级)[M].北京:机械工业出版社,2007.

[4]FANUC Series 0i-MODEL D 车床系统/加工中心系统通用用户手册.B-64304CM/01.

[5]SINUMERIK 802D 铣床操作和编程手册.西门子(中国)有限公司自动化与驱动集团,2001.

[6]HNC-21/22M 世纪星铣削数控装置编程说明书.武汉:武汉华中数控股分有限公司,2004.

[7]杨伟群.数控工艺培训教材[M].北京:清华大学出版社,2006.

[8]吴明友.MasterCAM X2 中文版数控铣削[M].沈阳:辽宁科学技术出版社,2010.